JN000257

牛を牛らしく育てるしんむら牧場の放牧酪農（十勝）

持続可能な林業を推進する木こりを訪ねる（札幌）

上伊那郡の自然栽培農家の美しい畑（長野）

全てがDIYのカフェ＆宿泊施設・菜音ファーム。左ページ右上はその製塩所でみた塩の結晶。（淡路島）

野菜くずで堆肥作りをするオーガニック農家（東京）

飯山市の農家で冬の暮らしを学ぶ。雪下野菜がおいしい農村料理（長野）

田万里の菜の花畑から生まれた米粉揚げパンと豆乳チーズ（広島）

東京と田万里で二拠点生活を開始した筆者

NEW IDEAS FOR BUSINESSPERSONS INTERESTED IN BECOMING A FARMER WITH MULTIPLE JOBS

ビジネスパーソンの新兼業農家論

The CAMPus 代表

井本喜久

YOSHIHISA IMOTO

ENCOURAGEMENT TO A COMPACT FARMING LIFE

CROSSMEDIA PUBLISHING

はじめに

前略

この本を手にしてくれたみなさまに、心から感謝すると共に、まずは次の項目を眺めてもらいたい。ここに10個のチェック項目がある。直感的に、自分に該当するものをチェックしてみてほしい。

●近ごろ、無性に農業が気になる。
●都会での暮らしからドロップアウトしたいと思っている。
●ぶっちゃけ、今の仕事が面白くない。
●全国を飛び回りながら、多拠点生活が成り立つ暮らしや仕事に興味がある。
●自分の心が勝手に「自然との触れ合い」を求めている。
●最近、「食」や「健康」に興味がある。
●「環境」「持続性」「循環」「ＳＤＧｓ」などの言葉に反応してしまう。

●実家や親戚が農家である。
●田舎での丁寧な生活に憧れてしまう。
●家庭菜園とか週末農業を始めようと考えている。

このうち3つ以上にチェックを入れた人なら、この本を読んで正解（笑）。あなたの人生に「農」を取り入れることで、ここから先の未来は10倍面白くなると断言できる。

とはいえ、まだまだ「農業って儲からないし手間もかかって大変そう」というイメージを多くの人が持っているのも事実。
この本では、そんなイメージをぶち壊して、**農業って実は楽しくて、カッコよくて、健康的で、儲かるんだ、という事実**について明らかにしていく。

ところで、ここでひとつ伝えておきたいのは、「農業」と「農」は違うということ。ここはとても大切なポイントなのでしっかり認識しておいてほしい。

「農業」とは、ビジネスのこと。野菜やさまざまな農作物を栽培して収穫して販売して利益を得るという「仕事」のことだ。

一方、「農」というのは、一種の文化価値のことであり、仕事にする・しないに関係なく、農作物を作りながらの「自然と共にある生活」そのもののことを指す。

この本では、「農」を軸とした仕事と生活のバランスを大切に伝えていきたい。本来、農家は仕事と生活の境目が曖昧である。都市で生きるビジネスパーソンの多くは、例えば「9時から18時まで会社にいる時間が仕事で、それ以外の食べたり寝たりすることが生活」といった具合に、仕事のために生活するような人生になっていることすらある。

しかし「農」の世界では、自然環境の中で「仕事」と「生活」を絶妙に一体化できる。詳しくは後述するが、これって人間にとってすごく健全なことなんだと思う。

ということで、まとめると、この本は、主に都市部で働くビジネスパーソンに向けて、**「今の仕事を辞めずとも、都市と農村を自由に行き来しながら、そこに農を絶妙に**

組み込んだパラレルワークを実践する方法」を具体的に示していく。
そうすることで、みなさまの人生をもっと豊かにするための選択肢を増やせたら、幸いである。

草々

ビジネスパーソンの新・兼業農家論　目次

第1章 時代の最先端「新・兼業農家」

第2章 「農」という文化価値のオモシロさ

第3章 「コンパクト農ライフ」で可能性は無限大

第4章 「新・兼業農家」の始め方

第5章 「農」が持続可能な社会を作る

序章

今「農家」こそ最高の職業だ！

Chapter 0

Farming is the best career in today's world

都市と農村、それぞれのよさを組み合わせる働き方

東京と広島、二拠点生活

僕は「インターネット農学校」The CAMPusの校長をやっている。教授数は約70人。生徒数は約2000人。全国の〝変態的〟な農家たち（敬意を込めてあえてそう呼ぶ）を教授に迎え、主に都市部に暮らす30～50代の働き盛りな人々に向けて、その農家たちの、農業に関する成功ノウハウや、暮らしの中にある知恵なんかを、ワンコインの有料ウェブマガジンにして配信している。僕は、このインターネット農学校というものをスタートさせる構想段階からこれまで、全国100人以上のオモシロそうなプロ農家たちに会いまくった。**そして行き着いたのは「〝農家〟こそ最高の職業だ！」ということ。**世の中にはいろんな職業があるけれど、人間の営みの3大要素「つくる」「た

べる」「はたらく」を「自然環境」の中でひとつに集約して、なおかつ持続可能にできるのは「農家」以外にないのではなかろうか。と僕は思う。一昔前まで「農家」って「大変そう」とか「儲からなそう」とか田舎者の代表のように言われたけど、時代を経て自然の中で心豊かに生きていく「田舎暮らし」の方がどうやらカッコいい感じになってきて「農家」という職業に今、かつてないほどスポットライトが当たっている。

僕も自ら実践してみようってことで、月の半分を故郷である広島の農村で暮らすことにした。 東京ではインターネット農学校、広島では農家をやっている。最初は不安もあったが、やってみると見事にこのスタイルが成り立つことがわかった。もちろん職種にもよるが、今やノートPC1台とインターネット回線さえあれば、全国、いや全世界、どこにいても仕事ができる時代。まずは始めてみることが大事。

農村での暮らしは、早朝に起きるとまずは畑にて農作業。途中、用意しておいた握り飯と漬物とお茶で軽い朝食。また農作業を日が高くなる昼前までやったら終了。あとは家に帰って昼食と昼寝。その後はデスクワークをやる。夜は集まった仲間たちと採れたての野菜やジビエなんかを囲みながら夕食。こんな暮らしを月のうち10日から2週間ほどやって東京に戻る。

この暮らしを始めて「それは社長だからできるんだ」とか「自分の地元だからやれるんだ」とか、周りの人はいろいろ意見をくれるけど、できない理由を挙げたらきりがない。「会社が許してくれない」とか「家族が反対するだろう」とか。けど、そんな問題さえクリアできなければ、何のチャレンジもできないのではないだろうか。大事なことは「やる」と決めることなんだと思う。そして「動き出す」ことなんだと思う。そうすればチャンスは向こうからやってくる。

都市と農村を行き来する中で気づいたこと

都市⇕農村の暮らしをやってみて「これはまるでサウナと水風呂のような関係性」でどちらも絶対に必要な存在であるということに気づいた。都市というのは、人類が昔から想像してきた未来のカタチなんだろうと思う。対して、農村は人類が忘れてはいけない自然との調和を理解させてくれる場所なんだと思う。

そして、両方で暮らしてみると「便利さ」と「不便さ」の間に豊かさを感じるようになった。例えば「階段」という存在に対して、都市だと「なんでエスカレーターつけないんだ！」と不満を抱くけど、農村だと田舎道で階段があると「わー便利〜！」と思えたりする。つまり、都市と農村を行き来することで先人たちへの感謝の気持ちが芽生える。これは僕にとって大きな発見だった。

都会で働く人々の中に**「いつか歳をとったら田舎で余生を送りたい」**と妄想している人はかなり多いんじゃないかと思う。

例えば、僕も大学を卒業して広告業界に就職して毎日徹夜三昧で働いていたころ、こんな妄想をよくした。どこか大自然に囲まれた南の島で、海が見える小高い丘の上に木の家を建てて、庭にある大きなテーブルに大好きな家族と仲間が集まって、家の横の小さな畑で採れたおいしい野菜と、その日に海で釣ってきた魚とかでおいしい料理を作って食べる。

しかし、いったいどうしたらこの理想の暮らしを送れるのか。当時の自分の状況と、その妄想は、あまりにも距離が開き過ぎていて、いつしか妄想さえしなくなってしまった。しかし、時が流れ、いろんな経験を積み、ぐるっと一周回って、僕は今、そんな自然と共にある暮らしを、しかも商売が成り立つカタチで実現できた。

何度も言うが、これは、僕だからできたわけじゃない。イメージをしっかり持って、ひとつひとつ積み上げれば、誰でも実現できる暮らし方なんだと思う。

農家＝カッコよくて、楽しくて、健康的で、儲かる！

海の近くで趣味に打ち込む充実した暮らし

僕がインターネット農学校を立ち上げようと決めたとき、どんな人たちに教授になってもらうのかを定義する必要があった。そのころの僕の頭の中では、「農家＝重労働のわりに儲からない！」というイメージの方が強かったから、そのイメージを吹っ飛ばすくらいにイケてる農家（＝変態農家）に会ってみたい！と思った。けど、単なる「儲かってる」ってだけの農家だと成金みたいだし、「カッコいい」ってだけだと深みがない感じがするし。そこで、どんな要素が揃ってるといいのかを考えてみた。いろいろスタッフたちと話し合って行き着いたのは「カッコよく」て「楽しく」て「健康的」で「儲かってる」という4つの要素だった。それら4要素を大きな判断基準にしながら、僕らThe CAMPusのスタッフたちでそれぞれが審査をして「OK！」となった農家だけにオファーして教授となってもらった。

その中に、特にミニマルなカタチのフルーツ農家を営んでるRYO'S FARMの梁寛樹くんがいる。**大好きなサーフィンを楽しむため海の近くへ移住し、農家をやっている。**彼は大学卒業後、大手メーカーに勤めながら、趣味のサーフィンを続け、小笠原諸島の父島で熱帯果樹やパーマカルチャーを学んだ。2年ほど働いた後、辞めて、海の近くの街「千葉県館山市」に移住。「地域おこし協力隊」として活動を開始。最初は街のPR活動などをあれこれお手伝いしながらサーフィンを続けていたが、そこから徐々に農業に興味を持つようになり、マンゴー農家に弟子入り。ゼロから農業技術を学んだ。2年ほどマンゴー農家のお手伝いをした後、地域おこし協力隊の任期が終わるのと同時に独立。地元の農家から農地（ビニールハウス）を借してもらいパッションフルーツ農家になる。農作業の傍ら相変わらずサーフィンは続けつつ、おいしいパッションフルーツ作りを極めて、1年目から収穫したパッションフルーツを全て完売させた。2年目からはパッションフルーツを加工して「リリコイバター」を製造。これもヒットし、現在は就農から9年目で、0・5ha換算で2500万を超える売上となり、サーファー×農家×食品メーカーとして全てを1人でこなしながら、毎日東京へOLとして通勤する妻と二人、充実した暮らしを送っている。

大自然の中でゆったりと生きる

農家ならノンストレスで心豊かな暮らしを実現できる。都会でストレスを抱えながら時間に追われて表面的な付き合いだけの人たちと働くより、大自然の中でストレスなくゆったりとりした時間の中で好きな仲間たちとだけ働くほうが、人生は充実するに決まってる。

現代社会はあらゆるテクノロジーが暮らしを快適にしてくれた。特にインターネットの進化や交通手段の発達など。しかし反面、昔では考えられなかったストレスを人々は抱えることとなった。ＳＮＳの世界ではいじめが起こり、数千キロも離れた場所から翌日荷物が届かなければ怒り出す人さえいる。一説には、現代人が1日に触れる情報量は「平安時代の人の一生分」であり「江戸時代の人の1年分」と言われている。つまりテクノロジーが進化すれば進化するほど、生きるスピードも感じる量も加速度的に増え続ける。**そんなストレスフルなテクノロジー社会の発展に対して、人間は癒やしを求めて「自然環境の中での生き方」を模索しているのではないだろうか。**

シリコンバレーあたりでは、社会にイノベーションを起こすベンチャーたちが、ビジネスアワーはノートＰＣに齧りついてデスクワークをしてるけど、休日になると自宅の周辺の畑を耕し、収穫した作物で仲間と料理を作ってチルアウトパーティーを楽しむ。そんなシーンが当たり前になり始めた。

人生は自由だ。誰がなんと言おうとも、人生は自分自身でデザインできる。さぁ、みんな動いてみよう。明日からではなく、今から。

農作物のままだと50万→加工すれば3000万円に

農家なら食いっぱぐれない

農家の最大の特徴って、ずばり「食いっぱぐれない！」ってこと。よく僕たちの親世代が「お前は食っていけてるのか？」なんて言うが、それは言い換えるなら「ちゃんと稼げているのか？　商売は成り立っているのか？」ってことだと思う。しかし、農家はそもそも人間が生き延びるのに必要な「食料の源」を作っているのだから、食っていけないはずがない。むしろ「食うには困らない職業」なのである。さらに、「食料の源」を作って、それをしっかり「商い」に転換することができれば、金銭的にも「食っていける」状態になる。**つまり、農家は物理的にも金銭的にも「食いっぱぐれない！」という最強の職業であると言える。**

しかし、この「しっかり『商い』に転換する」とはいったいどういうことか。僕がやっている農業を一例として挙げてみる。

僕は広島県竹原市の小さな米農家の次男坊として生まれ育ち、大学から東京に出た。竹原市は人口２・５万人の小さな街。瀬戸内海に面した温暖な気候で、その昔は製塩が盛んな地として栄え、今では古い町並みと日本酒が有名だが、少子高齢化で人口はご多分に漏れず減少する一方である。この竹原市の山奥に「田万里（たまり）」という限界集落がある。田万里町は、稲作が中心の町。広島空港から車で10分、新幹線の東広島駅から車で10分、竹原の市街地から車で15分という好立地にも関わらず、過疎が急速に進んでいる。世帯総数１７６世帯、総人口４２２人。そのうち20～30代の若者はたったの24人。南北を山に囲まれ細長く、南から北の山裾までの距離が２００～３００mしかない盆地が約5km続く、まるで「うなぎの寝床」のような地形。町の真ん中に交通量の多い国道2号線が通っているが、誰も立ち寄らず通り過ぎていくだけの「名もなき農村」になってしまっている。

この衰退した農村で、２０１９年から僕は仲間たちと一緒に、祖父母が残した築

150年の古民家に暮らしながら、何年もほったらかしだった耕作放棄地2・4ha(東京ドームの約半分)を、作物が植えられる農地として再生。「菜種・米・大豆」の生産をスタートさせ、それぞれ「菜種油・米粉揚げパン・豆乳チーズ」へと加工し商品化。2020年から全国へ発売する。

せっかく作った農作物をなぜ加工するのかというと、これは僕が全国の変態的農家たちから教わった、「生産したモノの価値を最大化するには、加工商品を作るのがいい」という教訓からだった。例えば大豆を2・4haの土地でフルに収穫したとする。その量およそ3トン。この大豆を豆のまま卸価格で販売すると51万円[※1]にしかならないものが、全てを豆乳チーズに加工して販売したとすると3024万円[※2]になる。およそ60倍の売上だ。

日本の農業を眺めてみると、約130万戸の農家のうち6割が年商100万円以下。一方、年商1000万以上の農家は全体のわずか8%しかいない。少子高齢化はもちろん食文化の変化や農作物自由化など社会的背景もあるかもだけど、これでは「農

[※1] 令和2年の公益財団法人日本特産農産物協会の大豆買取価格の全国平均は60kgあたりおよそ10000円。
[※2] 豆乳チーズ1個200g：希望小売価格1680円で、卸売なども加味し、完売した場合の金額。

業」が次世代たちの憧れる職業にはならないのも納得できる。がしかし、日本の農業がこんな状態になっている一番の原因は「変態的な農家が目立ってないから」なんだと思う（笑）。だから僕は全国にいる「カッコよく」て「楽しく」て「健康的」で「儲かってる」変態農家を世の中にいっぱい紹介しながら、自らも変態農家になれるよう、都市と農村を行き来しながら日々オモシロいことに挑戦して生きていきたいと思う。

自然の中でのリモートワークと、採れたて素材を使った手作りごはん。

第1章

時代の最先端「新・兼業農家」

Chapter 1

A farmer with multiple jobs in the new era

僕が見てきた「カッコよくて、楽しくて、健康的で、儲かる」農家は「兼業農家」だ。ただし、従来の兼業農家とは異なる、今の時代に合わせたスタイルでやっている。僕はこの新しい農家のスタイルを「新・兼業農家」と呼んでいる。

従来の兼業農家は「大変かつ儲からない」

農業だけでは食っていけなかった

そもそも農家に興味がない人は本書を読んでないと思うけど「兼業農家」って聞いたことあるかな？　兼業農家って、農業だけでは食っていけないから、別の職業に就きながら農業もやっていくというスタイル。それは本業が農業なのか、副業が農業かによって、第1種兼業農家なのか第2種兼業農家なのか、呼び名は変わるらしい。

僕の父親も地方公務員をやりながら、週末だけ農家として米作りをやっていた（このスタイルは第2種兼業農家なんだろう）。**僕は子供ながらに「なんで父親はこんなにも儲からない農業をやっていくのか？」といつも思っていた。**でもそれは日本のどこにでもある話だったんだと思う。もともと日本人のルーツは農耕民族。現代の都市に生きるさまざまな職種の人たちも、二世代遡れば、だいたい農家なわけで、その人たちの親世代までは「先祖代々守ってきた土地だから」と言いながら、ビジネス関係なく農業をやって、それだけでは生計が成り立たないから、別の仕事もやりながら暮らしていた。それがこれまでよくあった兼業農家のスタイルだった。

そもそも農業人口は、終戦直後１９４６年は、およそ３４００万人いたのが、２０１９年には過去最低の１６８万人（20分の1）になって、そのうち兼業農家の割合はおよそ8割となった。もはや兼業農家じゃないと生き残れなかったのが日本の農業だったんだろう。

生産するだけでは生き残れなくなった

明治時代とかまで遡ると、国民の8割が農民だった。そのころ農村には「地主」と「小作人」の関係が成り立っていた。地主は商売を担当して、小作人が農作業を担当した。それはずっと国全体としてはうまく機能してきたんだけど、地主と小作人の貧富の差は激しくなる一方だった。

当時は地主たちが大きな力を持ち、彼らの中から生まれた農林族議員の力も強くなる中、二度の世界大戦を経て、それまでずっと政府中枢の悲願だった「国全体としての食糧生産コントロール」をＧＨＱの傘を借りてようやく実現させた。つまり地主と小作人の関係性を解体した。それが戦後の「農地改革」だった。国が地主たちの農地を安く買い上げ、小作人たちに安く売った。

これに小作人たちは喜んだ。自分たちの農地が手に入ったぞ〜ってね。けど、彼ら小作人たちは商売のことがさっぱりわからない。農作物を作れたとしても、どうやって売ればいいのか、高価な農機具はどうやって手に入れるのか、作物をもっと効率よく生産するにはどんな手段（農薬や肥料を使ったり）があるのかを知らない。

そこで登場したのが「農業協同組合（通称：農協＝今のＪＡ）」だった。農協の存在は、しばらくうまく機能した。九州の片田舎で生産された農作物が、翌日には東京の市場で売り買いされる。そんなロジスティクスを構築して、国民へ食料を広く安定的に行き届かせた。そしてそれら農作物を生産する農家たちの生産性と暮らしの質を向上させるためのあらゆるサポートをしていった。

しかし、それはかつて小作人だった農家たちを「生産者」という立ち位置に追いやり、**「作ることさえうまくやってくれれば、それ以外のことは考えなくても良いですよ！」**という雰囲気を作り出してもいった。

そして、時代の流れと共に、少子高齢化や食文化の変化と相まって「生産者」としてだけやってきた農家では立ち行かない状況になってきたのが高度経済成長の時代。以降、兼業農家は増え続け、日本の農家のおよそ6割が年商100万円以下という壊滅的な状況が生まれたわけだ。

パラレルワークで変わる兼業農家のあり方

複数の活動を自由に選択できる時代に

現在のテクノロジーの発展はタブレット端末やスマートフォンなどを劇的に進化させ、高速・大容量の移動通信革命と相まって、誰もがストレスなく超簡単にパラレルワークをこなしていける環境を生み出してくれた。パラレルワークとは、複数の活動を並行していく働き方のことを言う。これは副業（または複業）とは少しニュアンスが違う。パラレルというのは「同時並行」の意味だけど、ワークというのは「仕事」というよりも「働く」の意味の方が強い。

一方で、ひと昔前まで複数の仕事を同時にこなすことを「マルチタスク」などと呼び、「マルチタスクをやるのは脳にとって良くないし、逆に効率が下がる」とさえ言われていた。確かに人間はコンピューターと違って、同じ時間軸で物理的に処理できる仕事は基本的に1つである。

しかし、「ワーク＝働く」で「タスク＝仕事」ということなのだが、「仕事」の語源は事に仕えるというところから来ていると言われていて「受動的」な姿勢を表し、「働く」の語源は傍(はた)を楽にするというところから来ていると言われていて「能動的」な姿勢を表す。

つまり**「パラレルワーク」というものは単なるビジネスだけというよりも、非営利な社会課題への取り組みや研究活動なども含んだ能動的な働き全般のことである**と言える。パラレルワークをやれる人というのは、それだけ世の中がその人のことを必要としている証だと思うし、それに対して本人が「応えていきたい！」と思っているからこそ、同時並行にいくつものビジネスや社会的プロジェクトに関わる状態が連鎖していくんだと思う。

本来、人間は知的探究心を誰もが本能的かつ無限に持っている。つまり人の知的欲求は際限なく生まれ続けるわけで、そのぶん、働き方もテクノロジーの進化で「より自分らしい活動を自由に選択して取り組める状況」が生まれたわけだ。それが現在の副業ＯＫの企業が増えた一番の理由だと思う。社員たちの知的探究心にブレーキをかける企業は悪とされる時代に突入した。まさにオモシロい生き方を模索している人たちにはチャンス到来である。

僕はこのような最強パラレルワーク時代に、暮らしの軸として「農」を取り入れることをおすすめしたい。

つまり、複業の中に、絶妙に「農」を組み込むことで、人生のオモシロさは10倍になることをもっと世の中の人々に伝えたい。少し前（スマートフォンが世の中になかった時代くらい）までは、農家たちにとっては「農業だけじゃ食っていけないから兼業農家をやるんだ」という感覚が当たり前だったし、もちろん、今でも多くの兼業農家は、そういう意識から抜け出せていない。一方で、農というのは、単なる野菜を作ったり牛を飼ったりすることだけではなく、自然と共にある暮らしそのもののことを指す。

農村と都市を自由に行き来し、暮らしも商いも両立させる

農村での暮らしは「ないものは全て自らの手で創り出す」というのが常識で、一見不便そうなことであってもやってみると、そこにある手間が贅沢だと思えたりする。

人気テレビ番組『ザ！ 鉄腕！ ＤＡＳＨ!!』（日本テレビ）の中に登場する「ＤＡＳＨ村」などは、その象徴とも言える。もしも、あの村の暮らしが自分の日常の光景として現実になったら？　村の畑で採れる農作物で毎日おいしく健康的な食を家族や仲間と楽しみながら、その農作物を売って商売にもなる。しかも、そんな暮らしをしながらも都市でいくつかのクリエイティブな仕事を掛け持ちし、都市と農村とを自由に行き来しながら家族を養うだけの安定的な収益がある、となると、これほど心豊かな生き方はないのではないだろうか？

これからの時代の兼業農家は、そういうパラレルワークを駆使したお洒落なライフスタイルを実現できる人たちのことを指すのだと思う。

ただ、パラレルワークを重ねすぎて自身が疲れてしまうようなやり方だけは避けよ

う。例えば、必ずしも、農作業や他の仕事を全部自分だけでやらなくても、仲間と一緒に、農村での暮らしが成り立つ状態を作っておいて、自分は基本的に平日を都市で過ごしながら別の仕事（例えばデザイン会社）を手掛ける傍ら、仲間たちと農村で作った農作物や加工商品を都市で営業してまわる。農村と都市を自由に行き来しながら、それぞれでの暮らしも商いも両立していく。もちろん、ミニマムに1人で週末だけ畑に行って、農作業を黙々とやるという農的パラレルワークをやりたい人もいるかもしれない。そのときは、自分の畑だけで暮らしと商売を成り立たせようと考えるのではなく、周辺の農家たちが作ったものをディレクションして加工商品にして、都市で営業をやっていくというカタチもできると思う。

つまり、大切なことは、自分自身のライフスタイルをどういう方向に持っていきたいのか、をまずは明確かつ詳細にイメージすることから始めるといい。

これからの農家は生産者ではなく、ビジネスパーソン

必要なのは経営視点

今までの農家は、農作物を作ることだけに専念する人たちが多かった。

よくいる農家が言うセリフは「俺の作ってる野菜は美味い！　あとは売り先さえあればいいいんだけど。農業って難しいよな～」である。いやいやいや、売り先とっとと探してこいよ！　と僕は言いたい。

わかりやすい例として、飲食店の開業のことを思い浮かべてみてほしい。もしも自分がお店を1年後にオープンさせることを決意したとする。そこから次にどんな行動をするのが良いのだろうか？　❶知り合いのシェフから料理を学ぶ。❷先輩経営者から経営方法を学ぶ。あなたならどちらを選ぶのだろうか。もちろん、どちらの道も

正しい。**しかし、僕は順番をつけるとしたら、まずは経営方法を学ぶべきなんじゃないかと考える。**

「おいしい料理を作ればお客さんが来る」というのは幻想だと思う。おいしい料理を作るのは当たり前で「まずは何しろお客さんにお店を知ってもらってたくさん足を運んでもらう」からこそお店は繁盛して持続していくんだと思う。

これを農家に置き換えてみると、野菜のおいしい作り方から学んでも、その売り方を先に設計しないと商売には結びつかない。だからこそ、これから農家になる人たちには、おいしい野菜作りのほうを先に学ぶのではなく、まずはしっかりとした経営計画を立てることから始めてほしいと思う。これからの農家は「生産者」ではなく「ビジネスパーソン」だということを念頭に置いてもらいたい。

そんなふうに考えられれば「都市に暮らすビジネス経験が豊富な自分は農家に向いている」ということに多くの人が気づき始めると思う。

今、地方はチャンスだらけ

しかしなぜ、新たに農家を目指す人たちに『農家＝ビジネスパーソン』という観点に立ってほしいかというのにはもう一つの理由がある。

今、全国の農村では担い手不足が年々深刻化し、僕の故郷・田万里の集落もこのままだと、あと5年もすると崩壊してしまう危機に瀕している。こんな状況の中、今いる高齢者たちの農家に「変わろう！」って言うのは難しいし、かといって「若者なら誰でもいいから新規就農しよう！」なんて言えない。今、農村に不在なのは地域をマネジメントできる人材なんだと思う。これからの未来、真の地域活性を実現させるためには、もっと地域のことや暮らしのこと、商いのことなどを全般的に考え、語り、行動していける人たちが増えることが大切で、そういった若者たちが地域に片足でも突っ込み始めてくれたら、めちゃめちゃオモシロいことが起こり出すんじゃないかな。と考える。

僕は何も「今地域が大変だから、優秀な人材に集まってほしい」と言ってるのではなく、伝えたいのはむしろまるっきり逆で**「今、地域がチャンスだらけだから、オモシロ人生を歩みたい人は集まれ〜！」**なのだ。地域に眠っているチャンスを拾えるかどうかは、その人の経験とセンスにかかっている。

２０２０年から田万里でのプロジェクトに新たなスタッフ藤崎大輔くんが加わった。ニックネームをゴンちゃんという。早稲田大学の大学院で学んだ26歳の若者。彼はもともと早稲田大学政経学部で学びながらアジア経済に興味を抱き、卒業後、大学院のアジア太平洋研究科へと進んだ。在学中のちょっとした縁から休学してラオスへ渡り、農村開拓と教育支援のボランティア活動に2年間従事した。帰国後、院に戻るも、ラオスで農村発展の事業をやっていくベンチャーを立ち上げることを決意。しかし２０２０年、卒業を目前にコロナショックに見舞われた。ラオスでの起業を延期したのだが、それまで何か日本の地域でオモシロいことはないかと探していたところ、僕と出会ってしまった（笑）。同時期に募集していた竹原市の地域おこし協力隊に応募し見事合格。The CAMPusが取り組む、「農による限界集落再生プロジェクト」にジョインして、菜種、米、大豆、その他野菜の生産を手掛けることとなった。

彼はこれまで大学院に通いながらも、既にオモシロいキャリアを重ねている。人気アウトドアブランドの旗艦店で働いてトップセールスを記録したり、社会的弱者のための教育事業を手掛けるNPOで働いたり、社会課題に取り組む起業家アカデミーで自らのプランが優秀事業に選ばれて起業までのサポートをしてもらったり。

そんなゴンちゃんは田万里で早速、周辺大学の学生たちと連携しながら新しい農泊プログラムを立ち上げたり、当初自分たちで手作りする予定だった農作物加工品を地域の福祉事業者にOEMで製造してもらえる体制を作ったり、とにかく急激に色々な人を巻き込みながらプロジェクトのコアな推進力になってくれている。

こんな感じにフットワーク軽く、農を軸としたパラレルワークを展開していけると、人生のオモシロさは10倍増する。と思う。

コロナ騒動がもたらしたもの

テクノロジーへの理解が一気に進んだ

２０２０年に入ってコロナ騒動が巻き起こった。これによってあらゆる人々の暮らし方や働き方が変わった。いや、変わらざるを得なかった。台風や地震による災害は局地的に起こるのだが、コロナは世界が同時に巻き込まれた禍。感染者は世界で１３００万人を超え、それに伴う死者は57万人余となった（本書執筆中の２０２０年7月中旬現在）。これはもはや世界大戦と同じくらいのインパクトである。この目に見えない脅威の前に、多くの人たちが犠牲となった。職を失う人たちも続出した。そんな状況下、フランスでは政府がコロナショックにより仕事がなくなった労働者に対し、夏が近づくにつれて労働力の確保が急務となっている栽培農家や畜産農家で働くことを呼び掛けたところ、なんと20万人以上から応募があったという。

そんな中、僕らも「今こそ農だ！」と確信し、さらにThe CAMPusの活動を加速させた。ただし、全て在宅でだ。この在宅でのテレワークというものをやってみると、何気にほとんどのことがオンラインで完結することがわかった（笑）。そして役員会議で「もはやオフィスは必要ないね」という話になり、この夏、我が社はオフィスを解約して完全テレワークに移行することを決定した。テレワークにして良かったのは、子供たちも塾や学校のことの多くをオンラインでやるから、圧倒的に家族での会話が増えたのと、増えすぎて飽きて会話が減っても、やっぱり家族って無限に一緒にいられるんだと思えたことが大きな発見だった。

そして、コロナ禍の絶賛テレワーク中にThe CAMPusがスタートさせた新サービスが「コンパクト農ライフ塾」である。この内容はまた後ほど詳しく話すが、「小さい農家」の始め方を学べるスクールサービスで、コロナ以前は東京の某所でセミナー型で開催することをイメージしていたのだが、コロナによって完全オンライン開催に変更した。

開催してみて思ったのは、断然オンラインでの開催のほうが良かったということ。生徒たちの満足度やオペレーション上のストレスのなさ、オンラインだからできるコミュニケーションの広さと深さなど、これほどテクノロジーの進化に感動させられたことはない。つまり人々はコロナによってテクノロジーの活かし方をずいぶん理解したし、感覚的には5年くらいワープしたようにさえ思える。

今こそ、この進化したテクノロジーと、進化した人々の感覚とを掛け合わせて「健康」とは何かを追求すべきだし、それをやるのに最適なのが「新・兼業農家」であると伝えたい。

見直される「食」の大切さ

フランス政府の農業募集に20万人が殺到したニュースから見えるのは、「健康」ということについて今ほど世界中の人たちが同時に意識したことはかつてないだろうということ。

そして、人間が暮らしていくために必要な衣食住のうち「もっとも大切なのは食なんだ」ということを人々が本能的に理解しているということ。人類が猿から進化していく過程で常に必要だったものは食であり、衣も住もずっと後から取り入れたものだ。

そう考えると、どんな危機に人は見舞われようとも食がなければ生きていけない。**その食の源を生み出すのが農なのだ。**何を食べるかがどう生きるかにつながっている。

さあ、みんなでコロナ以降の大テレワーク時代を新・兼業農家として突き進んでいこうじゃないか。

新・兼業農家だけが叶えられる生き方

人間社会は「有機的」につながっている

これからの兼業農家は単に複数のことを別々にやるのではなくて、複数のことを「有機的」につなげながら展開できることが大切なんだと思う。しかし、有機的というのは一体なんだろうか。有機野菜や有機栽培、有機ＪＡＳ、農の世界にはとても頻繁に流通する言葉なのだが。改めて辞書で調べた意味を要約すると……

【有機的】

有機とは、生命力を有すること。

有機的というのは有機体のように、多くの部分から成り立ちながらも、各部分の間に密接な関連や統一があり、全体としてうまくまとまっているさま。

なのだそうだ。（これって、何度も読み直して反芻してみると、僕は「世界平和」と同義のように思えてくる。）

今、世界では毎年、有機農作物の生産量が急速に増え続けている。２０２０年2月12日、ドイツ・ニュルンベルクで開催された、世界最大規模のオーガニック専門展示会「BIOFACH（ビオファ）」のタイミングに公開されたデータによると、現在、世界全体の有機農業取組面積は７１５０万ha（日本の国土の約2倍）で、これは前年に比べると２０２万haも増加（前年比２・９％増）したことになる。有機農業生産者数は約２８０万人。これは２００９年から比べてみると55％も増加していることになる。

ただ、日本における有機農地占有率は０・２％で、世界１０９位のオーガニック後進国になっている。

なぜ、世界ではオーガニック（有機）化が進んでいるのだろうか。

理由は、健康志向が高まっているからなのだが、それと合わせて「命の循環」が大切だということに人類が気づき始めているからだ。と思う。命の循環とは、動物が食べたものが排泄されて虫や微生物たちと共鳴して土にもどり、その土の中に落ちた種から芽が出て太陽や雨から必要なエネルギーをもらいながら植物が育ち、またそれを他の動物が食べて、を繰り返していく。これは大きな自然環境の中ではほんの一部の循環の例でしかないのだが、実は僕ら人間社会でも全ては有機的につながっている。

あらゆる興味を、無理ない範囲で、同時に動かす

それは食だけの話ではなく、働き方においても同じことが言える。

自然と共にある農的暮らしを真ん中において、商売も社会課題解決への取り組みも、

自らが興味を抱くあらゆる活動全てを有機的につなげて動かしていく。これこそが新・兼業農家である。

しかも、新・兼業農家としてやっていくさまざまな商売や社会活動は、自然環境に負荷をかけないで小さなエネルギーでやっていけるとなおいい。大きな資本を投下して、巨大な設備を入れて大量生産・大量消費の言語に乗っかっていくのではなく、無理ない範囲のことを自由につなげて動かしていく。そうすると、一つひとつの動きは小粒でも、全部つなげてみると最強なものになる。

この小粒な力をいっぱい集めることがとても重要だと僕はつくづく思う。よく小学校の教育の中で「あなたの夢（ビジョン）は何ですか？」という質問があって、答えを作文なんかにするシーンがあったりする。子供たちは一生懸命考えて、ひとつの答えを出そうとする。けど、僕はこう思う。「なんで夢をひとつに絞る必要があるのか？夢はいっぱいあったっていいじゃん」と。そのいっぱいある夢は、全て叶うかどうかなんてわからない。だけど、ビジョンとして明確に描いたものに対しては、不思議とチャンスが向こうから勝手にやってくる（笑）。僕の好きな本に『ブレイン・プログラミング』（アラン・ピーズ＆バーバラ・ピーズ／サンマーク出版）というのがあって、この中に科学的な根拠も示されているが、人間には「自分のしたいこと」をポジティブかつ詳細にイメージしたら、それに関連する情報だけを世の中からキャッチしてしまう機能がもともと備わっているらしい。

だから、いっぱいある夢を明確に描いて、その全てを有機的に結びつけながら、さっさと実現させてしまおう。新・兼業農家ならそれが叶うんだ。

農×お金をかけない
「お金はないけど、田舎で農業を始めたい!」というあなたへ

［Profile］

MUDO

兵庫県淡路市／菜音ファーム＆菜音キャンプ村長
農園オーナー・キャンプ場オーナー・カフェオーナー・イベントプロデューサー

その昔、東京の六本木や渋谷でCLUBを経営していたが、震災を機に家族で淡路島に移住。無農薬の有機農業を志す。移住当初は地域になかなか受け入れてもらえなかったところ、農業や漁業のアルバイトを複数掛け持ちしつつ、自分たちの農法を有機農法と呼ばず「お金かけない農法」と呼んでさまざまな実験を繰り返していくうちに地元の人々にも認められるようになってきた。今では宿泊施設の経営や農業体験スクール、野外音楽フェスなどの事業を組み合わせながら、仲間と共に充実した農ライフを送っている。

Navigator：岩崎致弘・細川理恵

お金をかけなくても農業は始められる！まずは地域に溶け込み、〝場〟を作ろう

農業を始めるのに、1000万円以上の貯えが必要だと言われていますが、果たして本当に膨大な資金が必要なのだろうか？　答えはNO！　クリエイティブな心構えさえあれば、農業は明日からだって始められます。

ゴールドラッシュ――1850年ごろアメリカ・カリフォルニア州で巻き起こったのは、金脈を探し当て一攫千金を狙う採掘者の殺到。2020年を迎え、日本の田舎各地では『新たな』かつ『原始的な』豊かさを求めて新世紀型ゴールドラッシュの動きが大きくなってくる予感。そんな時代が到来するさなか、「お金はないけど、今にでも田舎に移住して農業を始めたい！　けど、どうしたらいいかわからない！」と悶々としているあなたに〝お金をかけない農法〟を伝授するのは、淡路島の丘の上にある菜

音ファーム&キャンプの村長ＭＵＤＯ。

3・11直後に東京から家族6人揃って淡路島に移住し、現在は家族や仲間10人と共同生活を行っています。

「僕たちは、米や発酵食作りをベースに『衣食住の全てをできるだけお金をかけずにやる』ことをテーマに、低コストで現世とお付き合いしながら、豊かさを手に入れて楽しく生きる『農ライフコミュニティー』を作っています。建物は廃材を利用して、ある程度が完成したところです。エネルギーはソーラー発電、バイオディーゼル燃料、薪、炭などを活用しています。食料自給率は時期により多少の差はありますが、良いときで80%くらいになりました」

自給自足の〝農ライフ〟を営む菜音ファームは、一体どのように始まったのでしょうか。

「僕らのコミュニティーの名前は、野菜の〝菜〟に音楽の〝音〟で〝ざいおん〟って読むんですが、〝音〟の方は、元々東京で音楽をやっていたことに由来してるんですよ。15年ほど前には六本木と渋谷でクラブを経営していて、あとは音楽レーベルとか、アーティストのマネジメントをやらせてもらっていたんです。

もう一方の〝菜〟の方は、子供がきっかけだったと言えるかもしれないですね。長男は3歳まで野菜が食べられなかったんですよ。あるとき、おばあちゃんに連れられてほうれん草の収穫に行ってから、食べるようになったんです。『パパ〜採ってきた！』ってうれしそうにほうれん草を見せて。そのときに『あ、オレ、もうパーティーしている場合じゃねぇぞ』って子供に教えられたような気がしました」

そんなことがあって、〝全部手放して畑をやる！〟と宣言したときには、みんなに『頭おかしくなったんじゃないか』とさえ言われたというMUDOさん。最初は長野の友人に畑を借りて、お米一反と大豆一反からスタートしたそうです。

「今から11年前（※取材時は2019年）のことです。そのときに初めて農地法とか知るわけですよ。畑を借りたくても貸してくれる人がいなくて『畑って、一般人には誰も貸してくんねぇんだ』と落胆しました。幸いにも長野の友人が畑を貸してくれることになって、3年ほど東京から長野へ通いながら畑をやっていたんです。

当時は知らないことだらけで、どんどん調べていくうちに、農業って暗いことが多いんだなぁと思うことが多々ありました」

例えば、納豆や味噌、醤油などは日本人の生活には欠かせないものなのに、原料の大豆はほとんどが輸入に頼っているという事実。『日本の食料自給率ってこんなに低いんだ』『日本って農薬こんなに使っている国なの』……いろいろ知るうちに、どんどん農業にハマっていったと言います。

「週末に農業して、年1回埼玉で2000人くらい集めて収穫祭のようなフリーフェスを3年続けてやったあと、2011年3月11日の震災を機に淡路島に移住したんです」

朝6時まで酒を飲んでいた生活から、朝6時から畑で野菜を収穫する生活へ、真逆の人生になったMUDOさん。淡路島では3畝の小さな畑からのスタート。そして耕作放棄地の開墾の日々が始まります。

それまで、淡路島にツテがあったわけでもないMUDOさんは、いったいどうやって土地を手に入れたのでしょうか。

「僕らは東京から淡路島へ移住してきて7年ちょっとですけど、元々知り合いゼロ、来たこともなかった場所からスタートしました。畑を借りたかったけれど、いきなりよそ者には貸してくれないじゃないですか。だから仲間のみんなと産直マーケットの検品係だとか農業、林業、水産業なんかのバイトを4つずつぐらいかけもちして働いていました。

地元の人たちと一緒に働きながら、畑やりたいんですよ～って言い続けていたら、『じゃあオレ貸してやるよ』という人が出てきて。最初は3畝ぐらいの小さなものだったけれど、その3畝の下に3反の林があって、35年前は畑だったって言うんです。『じゃあおじいちゃん、これ全部きれいにしたらタダで貸してくれますか？』って聞いたら、いいよって言うんで、3か月かけて整備して借りることができたんですよ」

するとと、それを見ていた近所のおじいちゃん、おばあちゃんが、「じゃあうちのココもどうぞ～」と声をかけてくれたそうです。「うわぁ、昔の風景に戻ったなぁ」と喜んでもらっているうちに、声をかけてくれる人はだんだんと増えていきました。

「『うちの畑を貸してやるよ』『軽トラやるよ』『この農機具やるよ』という人がポツポツ現れたんです。今は2町歩の田んぼや畑を借り、4反の農地を取得し果樹園もできるようになりました。

お米、大豆、たまねぎ、にんにく、しょうが、バジル、サニーレタス、バターレタス、ブルーベリーなど、年間で20～30種類ぐらいの野菜を作っています。高齢化が進んで手が回らなくなった畑を借りたりしていると、ありがたいことに他の人から『うちの土地も借りてくれ』なんて言われるんだけど、手が回らなくてお断りしているような状態です」

移住先でアルバイトをしながら、徐々に現地の人と関係を作り、農への思いをアピールすることで土地や機材まで手に入れたMUDOさん。これこそが〝お金をかけない農法〟の始まりになりました。

「それでも、地域に溶け込むまでに、5年ぐらいはかかったかな。コトを起こすためには、やっぱり〝場〟を作ることって大切なのかなと思います。場を作る、たまり場を作ると、人とのコミュニケーションが生まれて、何かコトが起こる。例えば、これから農業を始める人も、ただ農業を始めればいいだけではなくて、野菜を作ったあと、その先どうやって売っていくのか考えていくこと。人が集まれば売り場もできていきますよね。まずは場作り、たまり場作りから始めていくってことは、参考になるんじゃないかな、と思います」

ただ農業を始めるだけでなく、地域に溶け込み、人との〝場〟をもつことを大切にしてきたMUDOさん。次に作った〝場〟は、キャンプ場とカフェでした。

「農ライフを始めてから、友人もたくさん訪ねて来てくれて、そうなると泊まるところが必要だよね、となってキャンプ場とかコテージを作ったんです。でも、宿泊施設だけだったら近所の人は泊まりに来ることはないですよね。それで石窯ピザのカフェを週末だけオープンしたら、地元の人が来てくれるようになって、それがすげぇよかったな、と。カフェが〝場〟になっているんです」

このキャンプ場やカフェを始めるときも、ＭＵＤＯさんは「地元の人の商売敵にならないように、まわりの状況をよく見て考えた」と言います。

「この辺だったら近くにキャンプ場がない。だったらキャンプ場作っても大丈夫だね、とか、近くに石窯ピザ屋さんがなかったからＯＫだよね、とか。６年ぐらいいたら地域のこともいろいろわかってきたし、狭い島なんでそういうことは慎重に考えて行動しました。かぶらないほうがみんなも応援してくれるし。自分たちだけがよければいい、というのではなくて、まわりの人たちも含めて、農業も宿も店もいかにハッピーを生んでいけるか。それがないと、広がらないし継続できないと思うんですよね」

周囲の人々との関係を大切にしながら、農園、キャンプ場、カフェと、多角的な事業を展開する菜音ファーム。それら全てのベースにあるのは、やはり〝農〟です。

「〝農〟がおろそかになるのがいやだから、カフェは週末しかやっていません。冬場はカフェも宿泊施設も休業していますが、11月まで毎週土曜日に35人は泊まってましたね。週末になると、キャンプ場に10テントぐらい並んで、コテージやゲルにもお客さんがいて、その日だけの村みたいになるんですよ。夜、キャンプファイヤーのように薪に火を点けてあげると、みんな集まってきて、知らない人同士が顔を合わせる。子供たちが友達になって、お母さんたちが連絡先を交換して、っていうのを見ていて、わー仲良くなってる、すげぇいいなぁって（笑）」

自然の中から恵みを見つけていけば、お金はかからない

「お金をかけない農法として思うのは、まずは地道なスタートから。まず自分がどんなビジョンを描くのか。田舎でどのようなことをして生きていきたいのか決めて、それに対してアクションすることですね。それが僕の場合は、最初はバイトだったり、人を訪ねて手伝いにいくことだったり。そこから道が開けるということがわかった。
畑に関わりたいのであれば、それに関わる仕事やればいいんじゃないかな。僕の思う農は、種を植えて育てるところから、収穫や加工、その先の販売まで全てだと思うので、畑で働く以外にも、産直で働くことや、インターネットで野菜を売るところで働くとか、いろいろとあるでしょ」

土地を手に入れてからも、〝お金をかけない〞からこそ生まれる工夫がたくさんあっ

たそうです。

「栽培方法としては、情報がたくさんあるので、いかにお金をかけないで、その土地にあったやり方をみつけられるか。その土地の恵みをどう使うか。とにかくよく見ること。僕は都会から田舎にきているので発見具合がすごいです。どこにでも目の前にゴールドラッシュがあるのに見失っているだけ。超あるんだから！　そこの草を雑草と思うか、薬草と知るかの違い。

第三の目じゃないけど、違うスイッチを入れてくれるのが農ライフなんじゃないのかなって感じてます」

『雑草なのか薬草なのか』――〝お金をかけない農法〟で大切なのは、そこにある自然の中から恵みを見つける第三の目をもつことでした。それは農薬も化学肥料も必要としない、土地本来の力を活かした農法へとつながっていきます。

「僕らのやり方は〝お金かけない農法〟。それって何かっていうと、淡路島にある自然のものだけでやる、ということなんです。

お米はいっさい何も入れずに作っています。基本的には自然栽培です。自然農とか不耕起で作物を作るやり方とはまた少し違って、作物によっては有機質肥料を自分たちで作って入れている畑もあるんですよ。

例えば、たまねぎには竹をパウダーにして1か月間嫌気発酵[※1]させて、そこに米ぬかを加えたものをぼかし肥料[※2]として使っているんです」

「なるべく自分たちの手で作ったものを活用して、なるべくお金をかけずにやっていく。それが僕らの農ライフです」と語るMUDOさん。

「農薬を使わないから、夏は虫にやられてしまって失敗もあったし、じゃがいもを収穫しようと思ったら、いのししに全部食べられていたことも。除草剤も使わないから畑に草がボーボーに生えているし、近所の人たちから『変わった奴らだな』って思われています(笑)。だからみんな興味津々でよく様子を見に来るんですよ。畑に行ったら軽トラが止まっていて『お前らなんでこんなに草がすごいんだ? なんで除草剤

[※1] 嫌気発酵：酸素に触れない状態で微生物を活動させ、有機物を分解させる方法。

使わねぇんだ？』ってスゲー聞かれるし。『クスリはやらへんねん。そのほうが高く売れるねん』みたいな（笑）。

夏は虫にやられたりあるけど、寒い時期なら虫の心配もないですしね。季節で作りやすい、作りにくい作物とかがやっと見えてきた感じです。

まわりの人たちに自然栽培や有機栽培の価値について説明するのは難しいけれど、僕らは地域の集まりにも積極的に参加していますから、コミュニケーションはバッチリですよ」

〝お金をかけない農法〟から生まれた有機栽培は、地元の農家も興味津々。さらにMUDOさんの農ライフには、移住前の生活の中心〝音楽〟も組み込まれています。

「露地の畑のほかにガラスハウスも2棟借りていて、ふだん農作業するときには音楽をかけながら仕事をしています。

僕らはみんな音楽が好きだから、ガラスハウスにまずスピーカーを運びましたよねぇ（笑）。音楽聞かせながら野菜を作っているのって、日本中でもきっとうちだけだ

[※2] ぼかし肥料：米ぬかや油かすなどの有機質肥料に土や籾殻を混ぜて作る肥料。肥料の成分を薄める、という意味で「ぼかす」という言葉が使用されている。有機質肥料は土に混ぜてから微生物に分解されてはじめてその効果が発揮できるため、作物に影響を与えるまでに時間がかかるが、ぼかし肥料はあらかじめ発酵させることで、比較的短期間のうちに結果が出やすい。

と思う（笑）。

音楽も野菜も、波動とか微生物など、見えないもののちからが影響していると思うんです。音楽を聞いて野菜がおいしくなるわけじゃなくて、作っている人間が楽しいと、そういうのが植物に伝わるんだと思うんですよね。

ガラスハウスでは企業さんとか大学とか、何人かの異業種の人たちが集まって実験もしているんです。

プロトン水[※3]を使っていて、同じ日に種を蒔いても地下水で育てたもの、プロトン水を使ったものでは全然生育が違うんですよ。畝ごとに土壌検査とか、できた作物の糖分分析もこれからやっていこうとしているところなんです」

さまざまな工夫を重ねて続けられてきた自然栽培。それは、運営するカフェのコンセプトにもなりました。

「ガラスハウスでは、水菜系やルッコラ系などが入っている有機種子や固定種のミックスリーフをサラダ用に栽培しています。ミックスリーフは1か月ぐらいで収穫でき

[※3] プロトン水：水を電解させ、分子レベルに解離させた水素水。土の中の活性酸素を除去する効果が期待できる。

るので、2週間毎に種を蒔いてカフェのメニューに使うんです。焼き上がったピザに野菜をのせて、その上に大豆から作った自家製のソイネーズとドレッシングをかけて食べてもらっています。

『なるべく手作りなオーガニックなカフェ』というのがコンセプトなんで、できる限り野菜から手作りしトマトソースやジェノベーゼソース、ドレッシングも自家製で作っていて、玉ねぎやにんにくもカフェで使いますし。畑や田んぼや海など農ライフでいただいた恵みでカフェのメニューをみんなで考えて提供し、表現しています」

菜音ファームでは、農園・キャンプ場・カフェ事業のほかにも、さまざまなイベントを企画しています。〝島の食卓〟というオーガニックマーケットを開催したり、毎年8月31日の〝やさいの日〟には、農家やミュージシャンを呼んでおいしいオーガニック野菜を食べるイベントをやったり、餅つきイベントをやったり……日々さまざまな人が訪れ、〝農〟の楽しさに触れていくうちに、淡路島に来て農業をやろうという人も出てきたそうです。

「今後の日本は、少子化や高齢化などで耕作放棄地が増え、農にかかわる人も減り食物自給率も下がるといわれている時代です。だからこそ若い世代が、農ライフって、家族や仲間（コミュニティー）と生活し、楽しくカッコよくおいしく食べられて最高じゃん、って思える成功モデルをみんなで創っていきたいと思います」

小さな〝場〟から始まったMUDOさんの『農ライフコミュニティー』は、家族や仲間と共に発展を続けています。〝お金をかけない農法〟というスタイルだからこそ〝お金では買えない豊かさ〟が生み出され、そこに人が集まり、さまざまなチャレンジにつながっているのです。

「なるべくお金をかけないで、自給自足できるものは自分たちでやっていこう、というのが僕たちのスタイルです。農をやっているのも、仲間の10人が豊かに暮らしていくために作っているのが大前提。その残りはエネルギー交換に使うことも多いです。物々交換というのかな。例えば、ここに住んでいない人が大工仕事や農作業を手伝いに来てくれたときに、『今日はありがとうね』と言って報酬として渡すこともあります。

それはお米だったり、食事の提供だったり、いろいろです。報酬としてお金がほしい人にはお金でもいいんだけれど、お米でもいいよという人にはお米で（笑）。

時々、ここにミュージシャンを呼んでイベントをすることもあるんですが、『じゃあギャラはお米◯◯キロね！』なんてことはよくあります。例えば、成人男性が年間食べるお米は一俵（60キロ）程度と仮定すると、相手がOKならそういう物々交換もありなんじゃないかなと。

お金も大切だけど、お金以外にもエネルギー交換の方法はあります。まずは農ライフで、自分たちが食べる分がある程度まかなえていれば、大抵のことは乗り越えていける。自分ひとりでは無理なことも、仲間や地域の人をどんどん巻き込んで、大家族のように協力し合える関係を築くことが、農ライフの第一歩です」

【Author's Point】

全国の変態的な農家に会いに行こう、と決めて、一番最初に会いに行ったのがMUDOくんだった。実は、彼のことは15年以上前から知っていた。彼がまだ六本木や渋谷でクラブを経営しているときに出会っていて、当時はドレッドヘアーのムキムキなヤンチャ青年だった(笑)。

時が経ち、彼が農家に転身しているという話を聞いて、会いに行ったんだけど、その農場とキャンプ場を全て自分たちでDIYで創ったというのを聞いて驚いた。しかも、移住当初は、家もお金も機材も全てゼロ。地域に知り合いもまったくいない状況から、家族と仲間と7人で暮らしをスタートさせて6年目というタイミングだった。

そのとき、僕は「ないものはない」という、昔どこかの地域のPR広告に使われてたキャッチコピーを思い出した。何もない、という捉え方もできるし、全てある、という捉え方もできる。彼らは、何もないけど、全てある、という精神で、お金がなくとも知力と体力と気力、持っている全てのチカラを出して、自分たちの描く理想郷を作り上げていった。

彼らの一番スゴイところって何といっても「巻き込み力」だと思う。何がなくともまず情熱で家族と仲間達を本気にさせ、そこにどんどん人が集まってくる現象が巻き起こる。「本質」の対義語は「現象」。つまり彼らが放つメッセージが「本質」だからこそ、人が人を呼ぶ「現象」へと発展する。ここからますます大きなウネリになってくる菜音のLOVE&PEACE現象が楽しみだ。

第2章

「農」という文化価値のオモシロさ

Chapter 2
Farming is a cultural value

新・兼業農家について語るとき、外せないのが「農」という価値観の魅力。
ここでは、「農」とは何か、「暮らし」「食」「商い」の観点から考えていく。

「暮らし」があっての「商い」

農村の「暮らし」に着目してみると

僕は、The CAMPusを立ち上げるときに農業のダサいイメージはなんだろうってずっと考えていた。直感的に思ったのは、職業として捉えるから、カッコわるい、しんどい、儲からない、という連想になっていく。

しかし、農村での暮らしを思い描いてみると、素敵な文化がそこにはいっぱいある。

以前、長野の飯山で、真冬の農村体験ツアーをやったことがあって「標高４５０メートルの豪雪地帯で豊かな生き方を学ぶ」のがテーマだったんだけど、冬場の農家たちの暮らしと、かまくら作りや雪かき体験などをした。その中で立ち寄らせてもらった築１００年の古民家に暮らす農家宅で、藁細工のワークショップをやって、その後、雪下野菜を使ったおいしい田舎料理をいただいた。もうすぐ80歳になるご主人とその奥さんが「俺たちは暮らすのにほとんどお金なんてかからない。**それは無駄をなくして切り詰めようということではなくて、ただ使えるものはうまく組み合わせて再利用するだけ。**雪が多いところだから外に出たくなくて知恵がついた」と話していたのが印象的だった。普段ならこの地域に立ち寄っても通り過ぎてしまうだけの何気ないお宅に、こんな心豊かになる暮らしのヒントがあったのかと感動した。

　そう考えると、農業は「業」だから仕事であって、暮らしの話は農業という枠では収まらないと思った。なのでThe CAMPusでは農業ではなく「農」と呼ぶことにした。「農」というのは一種の文化価値であって、その中には「自然」とか「健康」という価値も備わってるんだけど、「農」を因数分解すると、「暮らし」と「商い」という２つの要素が見えてくる。この「商い」の部分が一般的に言われる「農業」ってことなんだけど、実は「商い」っていうのは「農」から生まれたもの。語源をたどると、春から栽培した農作物を秋に収穫して、市場で物々交換をしたのを「秋に行なう」から「秋なう＝商う」となって、「商い」になったわけだ。

ということからすると、**農業は「暮らし」とセットじゃないとオモシロくない。**車に例えるなら、「商い」はエンジンで、「暮らし」はボディを含めた全体的なたたずまいなんだと思う。暮らしがあっての商いだし、商いあっての暮らし。両方が良いバランスであるか

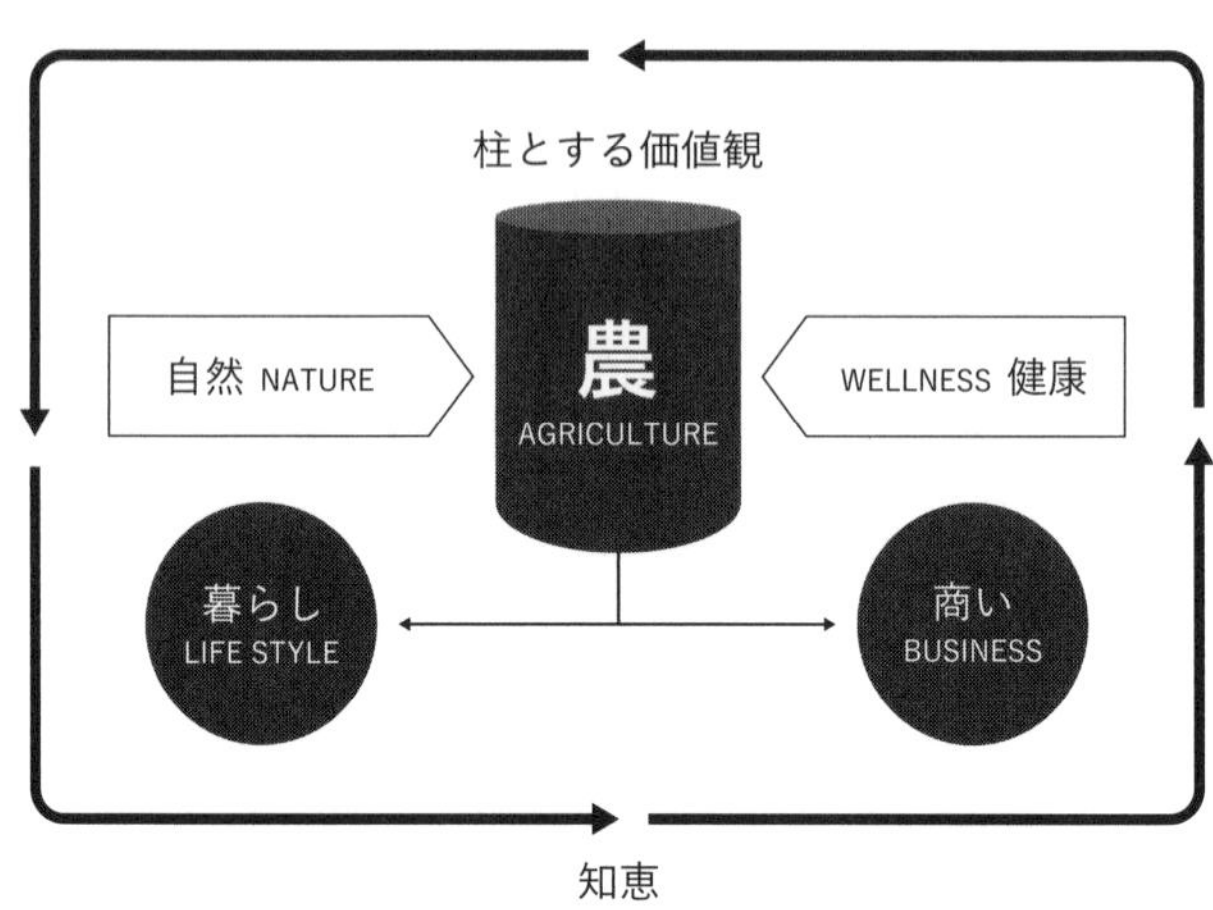

ら農家という生き方が楽しくなるのだと思う。

暮らしがセットだからこそ、農業がオモシロくなった

田万里で僕は、祖父と祖母が残した築150年の古民家に暮らしている。藁葺き屋根にトタンを被せた母屋と、となりには納屋と蔵があって、ほんと「ザ・田舎の農家」という感じのたたずまいだ。祖父と祖母が亡くなって、もう30年近くずっと空き家だったんだけど、僕の両親が近くに住みながら管理だけしてきたから、わりと綺麗で、でも人が暮らすにはちょぃと抵抗ある感じだった。まず要らないものが多すぎた。田舎あるあるなんだけど、昔の人たちは「ものを大切にする」があまり、一見ゴミのようなものでも取っておく癖がある（笑）。次に風呂がない。その昔は五右衛門風呂を薪で焚いて沸かしてたが、今はその機能がまったく使えなくなっていた。あとこれも田舎あるあるだが、トイレが汲取式（汗）。

まだまだ書ききれないくらいあるけど、ともかく僕は、仲間たちとここで暮らし始めてみた。まずは4トントラック10台分くらいの〝要らないもの〟を全て捨てて大掃

除。次にお風呂は近所の工務店さんにユニットバスの中古を借りてきて家の外に仮設。トイレの汲取式は、浄化槽から直さないといけなくて予算的に無理なので一旦このままでいくことにした。

住み始めてみると、炊事・洗濯・掃除共に東京の暮らしとはまったく違い、家の中なのに歩く量が異常に多く、冬は部屋の中が、冷蔵庫の中よりも寒い感じだし、夏は蚊とかいろんな虫が家の中に出るから蚊帳の中じゃなきゃ眠れない感じ。なのに炊事は土間の奥にあるキッチンまで行ってやらなくちゃいけない。しかし、人間はオモシロいもので、住み始めるとすぐに慣れてきて、不便だと思うことさえも楽しくなってきた(笑)。

そして、僕らはこの古民家をベースに、近くに借りた耕作放棄地を再生して、菜種・米・大豆・その他野菜などいろいろな農作物を作って、それらを加工して商売を始めたんだが、今考えてみると、古民家での暮らしがセットだからこそ、農業がオモシロくなったんだと思う。農作業をやってできた野菜を使って、素朴だけど一手間かかった田舎料理を自分たちで作って、その土間の奥のキッチンで毎日「いただきます」「ごちそうさま」と言いながら過ごすのが最高に心地いい。これなくして、田舎で

「農業」だけやってるとすると、たぶん1週間で飽きてしまうのではなかろうか。

暮らしを丁寧にやってみる

妻を亡くして気づいたこと

僕がこれほど「暮らし」を意識するようになったのには理由がある。3年前、僕の43歳の誕生日の前日、4つ年上の妻をガンで亡くした。

それより遡ること数年前のある日、妻の咳がなかなか治まらず近くの病院に行けどまだ治らず、大きな病院へ検査に行ったら突然「ステージ4の肺腺癌で余命1〜2年」という宣告を受けた。これによって僕ら家族は、一気に絶望の淵に立たされることとなった。

妻が病気になるまでは、2人の息子たちは小学生でサッカーチームに所属して妻はお世話係を積極的にやって、他の親御さんたちとも仲が良く、友達の多いママさんだった。僕はそんな最愛の妻と子供に囲まれていながらも家庭をまったく顧みず、ともかく仕事三昧の日々。「亭主元気で留守がいい」なんて昔からよく言うけど、ほんとそんな感じで、どこにでもよくある一般的な家庭だった。

しかし、彼女が病気になってしばらくして長期の入院を繰り返すようになったころ、僕は「妻がいなくなるかもしれない」と考えて（考えたくなかったけど）自立せねば！ということで、家事全般を息子たちと分担しながらやっていくことにした。ある日、息子たちと3人で家族会議をして「俺たちの人生は冒険だ！　毎日キャンプ生活をしていると考えよう。家は大きなキャンピングカー。俺たちの冒険はこれから始まるんだ」と話した。そう考えれば、料理も掃除も洗濯も全て親父がやったり息子たちがやったり、そういう暮らしの中の作業が楽しくなるはずだと思った。そして早速業務分担。僕は料理を担当し、長男はゴミ捨てと掃除担当、次男は洗濯担当になった。

家族で食べる毎日の食事を自分で作り始めて考えたのは、どうやったら面倒くさくなく、毎日健康的な料理を持続可能な感じで作っていけるのか？　だった。そのとき、思い出したのが、千葉の田畑付き古民家スペース「ブラウンズフィールド」で自給自足の暮らしを営む中島デコさんの言葉だった。「毎日、味噌汁とご飯だけあれば、人間は生きていけるのよ〜」なんとも、料理経験のまったくないそのときの僕にはぴったりの言葉だった。以降、我が家の食卓には朝昼晩、ほとんど味噌汁とご飯が並ぶことになる（笑）。

しかし、自分たちで家事をやってみて気づいたのは『妻（母）は偉大だ』ということ。それまでは「僕は外で仕事してるんだから、君（妻）は家庭のあれこれをやっといてよ」って感じだったし、はっきり言って家事より仕事のほうが大変だと思っていた。けど実際にやってみると家事ってめちゃくちゃ大変（汗）。料理・洗濯・掃除・買い物、それ以外に子供たちの学校のこと、塾のこと、部活のこと、そして家に次々と届く事務処理系のアレコレや家計のこと。息子たちが小さなときから考えると、彼らの命を守っているのは直接的には全て妻だったんだと気づいたとき、僕は食事を作りながら泣いた。僕が外でやってる仕事なんて楽勝なことだなと思った。そう考えると「暮らし」というものの重みがわかったというか、**「商い」よりも「暮らし」のほうが人生にとって遥かに大切なんだ**ということがわかった。

暮らしの様子さえもカッコいい農家

だから僕は、The CAMPusでカッコいい農家たちに会うと、当初は言葉にできなかったけど、**彼らの何に魅了されるかというと、やはり「暮らし」の部分なんだ**とわかった。うまくいってる農家は「暮らし」の様子さえもカッコいいんだと。

広島の三原市にある「桜の山農場」の耕ちゃんこと坂本耕太郎さんに会ったとき、その暮らしの素晴らしさに感動した。彼らは6人の子供たちと奥さんと、研修中の学生と、5匹の犬と1匹の猫と鶏とたくさんの豚たちという、わりとすごい大家族で、山の上の一軒家にて自給自足な暮らしを営んでいる。

農業（商い）的な視点で見るとメインの事業は養豚だ。しかも、桁外れに利益率が高い。養豚で豚を育て出荷するとき、一頭あたりの所得は全国平均で約7500円と言われている（平成30年度）。がしかし、桜の山農場では一頭あたりの純利益が何と12万円。月に数頭出荷すれば、それで暮らしは十分成り立つ。

野菜や穀物類はほとんど自給し、なんと電気もDIYの太陽光発電＆蓄電システムで自給する。さらに農業に使う軽トラは、電気自動車だし、普段使用する自家用車は廃油で動くバイオディーゼル車だ。ご飯や料理を作るのは竈（かまど）で薪を焚き、なんと最近までは冷蔵庫もなかったという。

彼らの生活は、自然と共にあって、先人たちの大いなる知恵と、現代のテクノロジーをハイブリッドさせた「心豊かな生き方」そのものであり、僕は彼らの丁寧な暮らしを見て、生きていることへの喜びが激しく込み上げてくるのを感じた。

食の根源としての「農」

何を、誰と、どう食べるか？

今、コロナ禍で改めて「食」の大切さが見直されている。日本の食料自給率はカロリーベースで37%。このことは多くの人が知っている事実なのだが、コロナ禍以前は一般家庭には何ら影響のない話だった。しかしコロナ禍に突入して、特に初期のころは「もうすぐ輸入制限がかかって食糧危機に陥るかもしれない」という憶測からスーパーの食材を買い占める人たちが続出して、いろいろなものが売り切れ状態になった。

過去を振り返ってみると、人々は何度も世の中の出来事に翻弄され、その都度、食のあり方も変わってきた。戦後の食は「空腹」が満たされればよかったわけだが、経済成長過程では「おいしさ」が優先された。しかし今は「健康的」であることが大事になってきて、コロナ禍は、さらにその意識の広がりを加速させた。

僕が食に対する健康を意識したのは、やはり妻がガンになったときだ。僕はそのとき、まず自分にできることは何か？　をずっと自問自答して、二人でとことん話し合い、「食」を見直すことにした。それから妻と話して二人でヴィーガン（菜食主義）をやってみた。半年くらいかな。動物性タンパク質を一切排除し、ともかく野菜とかキノコ類、豆類や穀物で構成した食卓で「きっと治る！」を合言葉に頑張った。がしかし、妻の病状は悪化。それ以降、緩やかなヴィーガンは続けながらも「好きなものを食べよう」という方針に切り替えて、家族で楽しい食卓を囲むことに時間を割いた。このとき僕が学んだのは**「どんな健康的なものを食べるかも大事なんだけど、それを誰と食べるのかがもっと大事なんだ」**ということだった。それから僕は妻と家族でおいしく健康的な野菜を食べたかったから、毎週のように青山のファーマーズマーケットに出かけては、いろいろな農家と会話をしながら、彼らの作ったこだわりの食材をどうやったらさらにおいしく食べられるか、など、あれこれ聞きながら買って帰った。僕はそのころ料理をまったくやらなかったけど、家に帰っては、その食材がいかにおいしいのかを「まるで自分が作ったかのように」家族に説明するのが楽しくなっていた(笑)。子供たちはあまり興味なさそうだったけど(涙)。

「食」は一番身近なエンターテイメント

ところであなたは野菜が好きだろうか？　もしも「野菜が好き」と答えたなら農家になる素質ありだけど、もしも「嫌い」と答えたなら素質はあまりないかも。というのは嘘で、好きでも嫌いでも、まず畑に行ってみることをおすすめしたい。農家の知り合いがいればいいけど、いなくてもどこか好きな農村に行って、農家に「畑見せてください」と声をかけて、根掘り葉掘りいろいろ聞けばいい。そしたらきっとその場で採れたての野菜を「食べてみろ」ってくれるはず。そしたら土もあまり払わないでドレッシングもかけないでムシャムシャと頬張ってみてほしい。瑞々しさと言い、旨味と言い、クセのなさと言い、今まで食べたどんなおいしい星付きレストランで出てくる野菜よりおいしいはず。採れたての野菜は栄養素がまだ活発に巡っているから、本当においしさが違う。このことに感動した僕は、ますます探究心が爆裂して、全国のいろんな農家のもとを巡って、その都度、彼らの話を聞きながら、採れたて野菜を食べさせてもらって**「これが毎日食べられる暮らしって最高じゃん！」**って思ったし、そのことを家族だけじゃなくもっと多くの人たちに伝えていきたいと思った。

「食」は毎日の一番身近なエンターテイメント。その舞台には農家たちが心を込めて育てた農作物たちが踊っている。彼らのストーリーを聞き、想い、感謝しながら味わっていくと、これまた人生のオモシロさは10倍増する。と思う。

「農」から食卓をデザインする

入口と出口を思い遣るということ

「FARM to TABLE」という言葉をよく耳にする。「食の安全性を確保するため、生産者（農場）から消費者（食卓）まで一貫した安全管理をする」というアメリカ発の価値観で、食品・飲食業界を中心に近年大きなトレンドになっている。つまり、生産する時点で、食卓のことまで考える、ということだ。この考え方が大切なのは、安全管理という点においてだけではないと思う。

僕がThe CAMPusを立ち上げるまでに、全国100人以上の変態的な農家たちに会って思ったのは、「うまくいってる農家は、テーブルのことを理解してる」ということ。つまり彼らは「自分の作った農作物を、誰にどうやって食べてもらいたいのか」を明確にデザインできている。

ここで言う「デザイン」というのは「考え」のこと。僕は農の事業をやる前は、ブランディングのプロデュースを生業にしてたから、いつも仕事において「デザイン」というものが付きまとっていた。キャリア的には20年間ほどやってきて、ようやくわかったことは、**そもそもデザインというのは、色や形状で構成された表現のことを指すのではなく、「想い」をカタチにしていく作業そのもののことを言うのだ**ということ。

つまり、同じ農家でも自らが作り出した農作物を「誰がどのように食べているのかわからない」状態や、「自分たちの屋号じゃなく、地域の農協の名前で一緒くたにされて売られている」という状態では、それを買うお客さんからすると、その農家の「想いはない」に等しい。

今一度、FARM to TABLEという言葉の意味を感じてもらいたい。それは農園で作物を作っている農家が、この作物を最終的にお客さんが食べるときに、どんなテーブルの上で、どんな食器に乗せて、どんな話をしながら、どんな飲み物と組み合わせて、それを食べているのかを思い遣ることなのだと思う。

逆に、「TABLE to FARM」も大切。レストラン側から、この食材はどんな農園主が、どんな想いで、どんな農法を使って育てたものなのかを理解すること。そういった入口と出口、それぞれに立っている人同士が、お互いのことを思い遣り理解し合うことから始めてみよう。

「誰にどう食べてもらいたいか」言語化できるか？

広島の三原に、国内外の凄腕シェフから引く手あまたの「スーパースター・ファーマー」を名乗る変態農家がいる。梶谷農園の梶谷譲くんだ。彼は1979年に三原市の久井町に生まれた。当時、年商1億円もあげるほどのハーブ農園を経営していた両親が海外視察に彼を連れていくことが多く、その影響で中学2年からカナダに留学。大学はトロントの郊外にある農業系へ。その後、北米トップクラスの園芸学校「ナイアガラ・ボタニカル・ガーデン」で植物についての知識を深める。父親が事故で農業を続けられなくなったのをキッカケに2007年帰国、父を継ぎ、農園のオーナーとなった。

彼の代になって、これまでと打って変わり「星付きレストラン専用のハーブ栽培」を経営方針とし、シェフの細やかなニーズに応えることができる生産体制を確立。現在10年目で契約レストラン150件、キャンセル待ちのレストランは300件。海外研修生も含め約15人のスタッフを抱えるに至った。

彼の成功はなぜ生まれたのか。答えはFARM to TABLEにある。彼は無類の美食家で毎日家族の食事を自らが作っている。つまり、誰にどんな風に食べてもらいたいのかを常に意識しながらハーブ栽培をしているわけだ。梶谷農園のハーブを扱ってくれるお店（星付きレストラン）にしょっちゅう出向き、食事をしながら「どんなニーズがあるか」に神経を研ぎ澄ませている。

農家がTABLEをデザインすることは、決して難しいことじゃない。実際にレストランの現場に足を運んで「こんな人に、こんな風に味わってもらいたい」と言語化すればいい。大切なのは意思を持つことなんだと思う。

「農業＝商い」としての可能性を考える

ポスト資本主義時代を切り拓いていく「農業」

今、ビジネスを取り巻く環境は、一昔前のそれよりも随分と変わってきている。僕たちが学生のころの１９９０年代はバブルが崩壊したものの「やっぱり稼ぐやつがカッコいい」みたいな風潮さえあって、若者たちは「どうやってお金持ちになるか」と考える人の方が多かった。しかし、それから時代は一巡し、東日本大震災を経て、昨今の地球温暖化が原因と言われる異常気象の災害、そして世界同時危機に陥ったコロナウィルスの存在など、毎年のように予想だにしなかった天変地異が起こり続けている今、「お金のためよりも、社会課題解決のために働きたい」と考える若者たちの方が確実に増えてきている。

それは、一言で言うなら、資本主義経済から次なるカタチへのパラダイムシフトが起こっているということなんだと思う。

このポスト資本主義経済時代を切り拓いていくのは、どんなビジネスなんだろうか。僕は、その一つが「農業」であると断言する。

まず大前提として人類が続く限り「食べる」という行為自体はなくならない。しかも、どんなに科学が進化しようとも「デジタルテクノロジーだけで料理ができあがる」なんてことは物理的に起こり得ない。むしろ科学の進化が加速すればするほど「自然であること」への価値は高まっていく。つまり、ポスト資本主義経済は「自然主義」のようなものなのかもしれない。

農を通して、「自然である」という価値の高まりを感じられる例を挙げよう。

アメリカ・ニューヨークのマンハッタンから車で北に1時間ほどのところにタリータウンという街があって、そこに「Blue Hill at Stone Barns（ブルーヒル・ストーンバーンズ）」というレストランがある。ここの敷地には32ha（約東京ドーム7個分）もの大きさの農場が隣接していて、そこでは、野菜や穀物の栽培はもちろん、酪農・養鶏・養豚なども行い、あらゆる農産物を持続可能な環境で生産している。訪れた人たちは、農場の中を散策し、サスティナブルな農業への見聞を十分に深めた後に、レストランでそれら食材を使ったフルコースのメニューをいただく。家族4人で行くとすると10万円は確実に超えるのだが、予約が取れないほどの人気レストランなのだ。

日本にも昨年、千葉の木更津に「人と農と食とアート」を体験する農場「KURKKU FIELDS（クルック・フィールズ）」がオープンした。音楽プロデューサーの小林武史さんが手掛け、およそ30haの広大な敷地に『FARM』『EAT』『ART』『PLAY&STAY』『NATURE』『ENERGY』の6カテゴリーにわかれた魅力溢れるコンテンツを展開する。FARMは野菜・穀物・酪農・養豚・養鶏などの農場、EATはレストラン&カフェ、ARTは国内外アーティストの造形展示&ギャラリー、PLAY&STAYは複数の宿泊施設とパーク、NATUREは森の散策コースやビオトープ、ENERGYは太陽光発電や堆肥小屋&バイオジオフィルターなど、農業を軸とした持続可能性を模索するための一大実験施設になっている。

今後、人類が自然と共存するためのあらゆる知恵が求められるようになってくると、こういった「農業」を主体とするビジネスのカタチはますます増えると同時に進化していくはずだ。そうなってくると世界はもっと平和でオモシロくなってくる。

農×美食
コスト度外視でも大成功。美食を求めて農家になった男

［Profile］

唐澤秀

Karasawa Shu

茨城県鹿嶋市／鹿嶋パラダイス代表
農園オーナー・カフェオーナー・クラフトビールメーカー・農作物流通プロデューサー

明治大学農学部卒業後、大手農業法人に就職。より味が良く持続可能な栽培を求める中で自然栽培と出会い独立、2008年無肥料・無農薬の自然栽培農園「鹿嶋パラダイス」スタート。田んぼ約1・6ha、畑は約6haにて70種以上の作物を自然栽培し、経営するレストランで提供。関東最古の神社「鹿島神宮」の表参道に位置する同店は、御神水で作る大人気クラフトビールの醸造所でもある。2018年には原料の98%を占める自然栽培ビール麦の栽培から始め、全ての素材を自然栽培で作るという世界でも類をみない「自然栽培クラフトビール」を開始。

Navigator：柳澤円

20倍の手間をかけて「おいしい」を追求。古来の方法で育てられた自然栽培の米

唐澤さんは、農産物について「おいしい」ことを何よりも大切にしている生産者。それもただ単においしいレベルではない、感性にせまり理性もなく求めてしまうような、唐澤さんの言葉を借りるなら〝官能的なまでに〟おいしいもの。故に自らを「ただ美食を求める男です」と言い、さまざまな国内外の美食に精通しています。

「この世にパラダイスを作り、関わる人たちの人生をパラダイスにする！」という唐澤さんの「鹿嶋（かしま）パラダイス」には、多くのファンが集います。その理由を3つ挙げるなら、ずば抜けておいしい農作物と、田畑のイベントが楽しいこと、そして、他では味わえないクラフトビールのおいしさ！

そんな鹿嶋パラダイスの田畑は、無農薬・無施肥の自然栽培。合計で1町6反（＝約1・6ha。サッカーフィールドの2倍強）の広大な田んぼでは、人が手作業で田植えをする「手植え」と、田植え機を使った「機械植え」の両方で田植えをします。

すでに10年以上お米の栽培を続けているものの、この数年で特に「納得のいく強い苗ができるようになった」という唐澤さん。「水苗代（みずなわしろ）」という大変古い方法で苗を育てています。

「自然栽培の場合は特に、田んぼに植える前に強くて良い苗にすることが大事です」

お米の栽培は通常、種籾（たねもみ）（稲のタネ）を蒔いて育て、立派な苗になったタイミングで田んぼに移植する、というサイクルで栽培されます。

苗は、育苗箱（いくびょうばこ）と呼ばれる浅い箱に土を入れ、種籾を蒔いて育てるのが一般的。当初、唐澤さんも育苗箱を使って自然栽培の種籾を育てていました。

しかし、機械植えをするには、稲のサイズを揃えながらも、田んぼの中の多少の凸凹にも影響しない背の高い苗にせねばならず、毎年〝もっと良い苗にするにはどうしたらいいか〃と考えていたそうです。

そこであるとき、最も古い方法といわれている「水苗代」をやってみたところ、大変いい苗を育てることに成功したのです。

稲の栽培は弥生時代から始まったとされていますが、現代のように、育苗してから移植するようになったのは、奈良・平安時代のこと。当時はトラクターも育苗箱もありませんので、育苗するときには、山からの水が流れ込み、常に水がある場所を、育苗する場＝「稲代（なわしろ）」にして種籾を蒔いていました。

「水苗代」は農業が機械化する昭和30年ごろまで続いていた方法だったそうです。育苗箱にある仕切りがなく、根をはるための土も深い、言ってみれば「大きな大きな自然の育苗箱」の中で立派な稲苗を育てていたのですね。

唐澤さんは、良い苗の追求のため、毎年いろんなことを考えて試すことを続けてきました。そして約5年前、水苗代と同様に、山水で常時湛水（たんすい）[※1]している場所に育苗箱を設置して育てたところ、トラクターでの田植えにも順応可能な、高さも強さも大

[※1] 湛水：水が満ちている状態。

変立派な育苗に成功しました。

この場所、茨城県鹿嶋市は、日本で最も古いとされる神社のひとつ「鹿島神宮」があり、日本に農耕がもたらされた時代にはすでにここで人々が生活していたことがわかっているという、歴史文化が豊かな地。

その同じ土地で今の時代においても、苗を田んぼで育ててから別の田んぼに植え替えて、平安時代もそうだったであろう肥料も農薬も堆肥も使用せずに、実って稲刈りしたあとも1・6ha分全ての稲をハザ[※2]に掛けて天日干しにする。1200年もの時間を経て、現代の同じ場所に再現したのが、鹿嶋パラダイスの田んぼなのです。

機械での田植えは唐澤さんたちが行うのですが、手作業の田植えは有料イベントとして公開し、一般の方々に向けて参加者を募っています。

この田植えには毎回、県内のほか東京、神奈川、千葉などの各地から、年代もさまざまな参加者が毎回20〜30名参加します。

「お米は初夏の田植えの後に真夏の草取りがあって、秋に稲刈りをします。しかもう

[※2] ハザ：稲など穀物を乾燥させるために竹などで作られた干し台。

ちは全て天日干し。今の農業ではコンバインで稲刈りしたらそのまま乾燥機を使って一晩で終わることですが、うちでは天日に『ハザ掛け』[※3]して干す。もしも毎日晴天だとしても、最低1週間から10日間くらいかかります。しかも大抵、雨とか風とか季節外れの台風がきたりして、ハザ掛けごと倒されて、それをまた直して干して。結局3週間〜長いときは2か月近くも干すんです」

他の農家が一晩で乾燥を終えて早々にお米を販売し始める中、天日干しにこだわり抜いて最長2か月干すという唐澤さん。一部だけ天日干しにするなんて半端なことはせず、1・6haぜんぶ、天日干しです。そこまで天日干しにこだわるのはなぜでしょうか?

「おいしいお米になるからです。『天日干しはおいしいからねえ、でもあたしらにはもうできないよ』ってよく言われるんですよ。みんなどうすればおいしいお米になるか知ってるんです。あと『肥料は少ないほうがおいしくなる、だけど8俵以上とらないとコストが合わないからねえ』ともよく言われます。もしくは肥料少なくして6俵く

[※3] ハザ掛け：竹や木で作った台に、刈った稲の束を逆さに干すこと。

らいにした方がうまいお米がとれるとも言う人も。なんだよ、みんな知ってたのかよ！　って感じですよね。僕たちの今のやり方は、コストも手間も時間も掛かるけど、肥料も何も入っていない。時間を掛けて良くしたこの土地で自然栽培した米は、天日干しすると混じりっけが何もない分抜群においしい味になります。肥料や堆肥を入れるとその香りや味が、お米にも移るんですよね。
うちの米は、労働時間を計算すると一般的な米農家よりも軽く20倍は手間が掛かってることになります。それでも僕らが優先したいのは味なので、この方法を続けてるんです」

それにしても20倍という手間にびっくりします。ということは販売価格も20倍……なのでしょうか？

「いや、もしも20倍の値段をつけたら売れないでしょう（笑）。ある百貨店のお米屋さんで、このお米に1キロ3360円の価格をつけていただいたこともありますが、毎日お腹いっぱいになるほど食べられないのではお米の良さが半減しますし、買える人だけが買える米ではあまり意味がない。1キロ1500円で売って、やっと損益分岐になりますね。

　せっかく日本人に生まれたし、農家にもなったので主食であるお米くらいは作りたいじゃないですか。だけどどうしても他に比べて高くなる。なのでこのお米は自家消費（スタッフ全員にも支給）と、お店（パラダイスビールファクトリー）でご提供するほか、イベントで炊飯したり、麹に変えて味噌を作ったり、『パラダイ酒』という日本酒にして販売しています」


　直接お米の販売はせず、加工して「おいしさ」を分かち合う。手間暇を惜しまないこだわりの背景もまた、おいしさの追求でした。

　田植えイベントの参加者はまず、水苗代へ移動し、苗を抜き出す作業をします。育苗箱をひょいっと移動させるのとは違い、ここでも田んぼと同じように、水が張った苗代の中に入ることになります。

「僕らは普段、地面の上、つまり、オン ザ グラウンドの状態。でも田んぼに入るのは、地面に足を踏み入れる、〝イン〟ザ グラウンドになることです。まるで地球に足を突っ込んでるみたいな、普段の暮らしではありえない体験だと思って、地球を感じることを意識してください」

苗代から十分な量の苗を取り出したら、いよいよ田んぼに植えていきます。すでに十字で目印をつけてくれている田んぼに脚を入れると、クチャッとした、泥パックがもっと柔らかくなったようなテクスチャーがひざ下までを包みます。

平安時代から農業が機械化する昭和30年代まで、日本各地でこうして毎年つないできた稲作は、文字どおり先人たちの暮らしをさまざまな形で支えてきたと言えます。

お米ができたら主食として、稲わらから麹菌を取って、麹に変えたらお味噌やお酒を仕込んで、藁(わら)を使って納豆を作り、お正月飾りや草履なども編んでお供えしたり、畑や田んぼの肥料にもする。

お米がどれほど暮らしを豊かにしてきたかを考えると、21世紀の今も同じようにお米をつなぐ農作業がとても気持ちよく、心が満たされる思いがしました。

効率、コスト、ブランドより大切なこと。最優先されるのは「うまさ」

鹿嶋パラダイスを語る際に欠かせないキーワードのひとつが「クラフトビール」です。なぜなら、唐澤さんが経営する「パラダイスビールファクトリー」は、

●自然栽培の農作物を使った飲食店
●自然栽培素材を使ってクラフトビールを作るブリュワリー（ビール醸造所）

でもあるのです。

パラダイスビールの仕込みには、2678年もの歴史がある鹿島神宮の湧き水、御神水（ごしんすい）を使用。しかも連日、手作業で汲みに行くというから脱帽です。畑で育てた麦やホップでビールを醸造する。まるで欧州のワイナリーのようですが、

唐澤さんたちは醸造家であり生産者であることを強みにして、〝クラフト〟ビールの名の通り、原材料から自分たちで作ることにこだわりと使命を持っています。
　この同じ場所で作られたビールとお野菜を食べていると「人間は土地と切り離せない存在であるため、その土地で作られたものをその場で体に入れるのが一番健康効果がある」とされる「身土不二」の言葉が一口ごとに浮かびます。

　肥料も堆肥も農薬も使わず、作物の本来の味を引き出しながら育てる「自然栽培」農家であり、その野菜を存分に味わえる飲食店のオーナー、さらに、自然栽培されたビール小麦から自家製されたクラフトビール醸造家・茨城県で初の農家が直営するブリュワリーオーナーという、他に類をみない個性的農家である唐澤さん。

　唐澤さんはよく「思いの一貫性」という表現を使われます。一体どんな意味が込められているのでしょうか？　そのためには時間を15年ほどさかのぼり、唐澤さんが農家になる前、大手農業法人の営業としてバリバリの勤め人だったことを説明せねばなりません。

当時の唐澤さんは毎年、有給休暇と自費を投資して「世界レベルで最高」と評される農家を訪ねる旅をされていました。自らの休暇を研究に費やすという、意識の高さはさすが教授。

ある年、最高品といわれる生ハムの生産現場を学びにスペインを訪れたときのこと。育成時期の最後にドングリを食べさせて、ナッツのような香ばしい甘みをつけるとされる「イベリコ豚」の現場を体験した日、ご自身の中で大きな意識の変容が起きたと言います。

「そこでは、イベリコ豚が生育される最後の半年間のためだけに、広大な広さのドングリの森を作っていました。当然オーガニックだし、ドングリ以外にも草やきのこなどが豊富。豚たちはそこで、好きなだけ食べて体を大きくします」

さらに驚くべきことに、豚を放牧するその場の広さは500ha、実に東京ドーム約106個分です。しかも、そこで暮らす豚の数は500頭のみ。つまり、東京ドームの広さに豚は5匹という、驚異的な広さ！　さらにそのあと、唐澤さんは涙が溢れるほどの感動を目の当たりにします。

「ドングリを管理する人、豚たちを管理する人、そのあと屠殺、解体、塩漬け、熟成、さらにハムの販売員や飲食店で働く人、それぞれの担当者がみんな、自分の仕事にものすごく誇りを持っていたんです。仕事の内容も立場もまったく違うのに、〝自分がこの世界一のハムを作ってるんだ〟という誇りに満ちていて、こちらが圧倒されるような強いエネルギーで、生ハムと自分の仕事の素晴らしさを語り続けていました。誇りを持って働くと人が輝くということ、そして、端から端まで全員の思いが一貫してることを目の当たりにして、とても感動しました」

この強烈な体験により、数年後、はれて鹿嶋パラダイスのスタートアップ時に定めたことこそ、この思いの一貫性だったのです。

実は今回、鹿嶋パラダイスのブランディングについて伺った際、「ブランディング……うちにあるのかなぁ……?」とつぶやいていた唐澤さん。

こんなにもユニークでキャラ立ちした農家だというのに、まさかのブランディング無計画？ と一瞬驚いたものの、その背景には唐澤さんが長年、世界中で見てきた〝本物〟があったのでした。

国内外各地で見聞きしたものの幅広さ、出会った人たちの本質、実際に口にした野菜の品種のずば抜けた多さ。それらが唐澤さんの思いと想像力をブーストする燃料となり、これまで一般的とされた農家直営の事業とは一線を画するスタイルがすでに描けていたのです。

鹿嶋パラダイスには、社内外に向けて大きく宣言されたモットーがあります。その名も「パラダイス憲章」。

「その中で一番に『常に〝うまい〟を選択する』と掲げています。効率やコストはもちろん無駄にするようなことはしませんが、効率やコストのために〝うまい〟の優先順位を下げることは絶対にしないと決めているんです」

ではチーム内で思いを一貫させるために、感覚としての〝うまい〟はどうやって意思統一されているのでしょうか？

「まず何よりも、圧倒的なうまさの品種を選ぶこと。ひとことで茄子や人参といっても、品種が違うと味も風味もぜんぜん違う。ぼくは前の仕事を通じて、そのことに気づきました。それなのに通常の市場では〝うまい〟よりも優先される他の項目があって、圧倒的にうまくても、その品種の作り手がいないことによって市場にでないものがあると知って驚愕しました」

実は小さいころから人参のおいしさを感じられず「だいきらいだった」という唐澤さんは、農に携わるようになってからおいしい人参に出会い、そのおいしさを実感されるのですが「もしも子供のころに、おいしい品種の人参が選ばれていて、他の人参と変わらない値段や手軽さで市場に出ていれば……」と今でも思うそうです。確かに人参に限らず同じような野菜嫌いのケースはたくさんありそうですね。

誰にとってもおいしいと感じる品種を選び、その品種が持つ本来の味を引き出す農法で育てる。

その後、通常であれば農産物を販売するために、外部の企業や卸しに判断を委ねるわけですが、鹿嶋パラダイスの内部に満ちた「思いの一貫性」を外部にまで統一させることは並大抵のことではありません。

唐澤さんはそれを実体験をもって経験されていました。

だからこそ「生産物の〝うまさ〟に関わることは自分たちで決定権を持ち、自分たちが行う」と決めたそうです。それが現在の鹿嶋パラダイスのビジネスモデルとなり、見事なまでに思いの一貫性が保たれ、結果としてブランディングに成功していたのでした。

圧倒的なおいしさを持つ野菜が、決して特別ではなく、どこでも誰でも買えるような世界になったら、それはまさに〝パラダイス〟。少しでもそんな世界に近づくように、一般市場の判断基準に「食味」が含まれることを願ってやみません。

【Author's Point】

愛すべき変態農家「鹿嶋パラダイス」の唐澤さん。初めて会ったのは今から2年前。彼が経営するPARADISE BEER FACTORYというお店で話したときのこと、「僕はとにかく『おいしい』を追求しているだけ」と言う通り、自然栽培系の他の農家のイメージとは違い、食べ盛りの健康優良少年のような体格だったのが印象的だった。

そこのお店では、クラフトビールのマイクロブリュワリーがあって、ビールや他の食品の販売コーナーと、2階がレストラン&カフェになっている。もちろん、そこで売られている全てのものが、自分たちの田畑で採れる自然栽培の米、麦、豆、野菜を使って作られていた。それから、彼がやってる古代小麦の畑を見せてもらって「この風に揺れてる小麦たちが、ビール麦にもなり、お店で出すパスタやピザの生地にもなるんだ」と教えてくれた。

しかし、唐澤さんたちが耕す畑は広大だし、さまざまな作物を生産して加工して調理もして販売して、とてつもない手間がかかっている。本来は全ての工程が分業され、それぞれに大きなコストがかかって、結果的に、それは消費者が手にするときの価格に跳ね返ってくる。それを、鹿嶋パラダイスは、一気通貫して自分たちで全行程をやりきって、お客さんに納得な値段感で提供している。これこそ新・兼業農家が理想とするカタチだ。

「自分たちが手間を掛けた分、お客さんがおいしいと言ってくれれば、それでチャラ」

そこまでやる唐澤さんの原動力は結局『おいしい』という感覚を世の中の人といっぱい共有したい」ことにあるんだと思った。答えはシンプルなのだ。

第3章

「コンパクト農ライフ」で可能性は無限大

Chapter 3
A compact farming life is wonderful

ここまで「新・兼業農家」の魅力と可能性について書いてきた。ここからは、「新・兼業農家」を実践するのに欠かせない考え方について説明する。結論から言うと、「新・兼業農家」を実践するには、「コンパクトな農家」であることが理想的。このコンパクト農家を軸とした暮らし全体のことを「コンパクト農ライフ」と呼ぶ。

北海道の広大な農地で気づいた「コンパクトの哲学」

小さいエネルギーで大きな豊かさを手に入れる

僕は2020年に『コンパクト農ライフ塾』という、日本初の「小さな農家の育成に特化」したオンラインスクールをスタートさせた。農業界屈指のプロフェッショナルたちを講師に迎えた毎回20人限定×全10回の超短期集中講座。「農業を学ぶのにオンライン」という、にもかかわらず卒業生の受講満足度は96・2%という、しかも毎回入学受付直後から間もなく満員御礼状態になるという、受講したことのない人たちにとっては何とも不思議な雰囲気のスクールサービスである。

僕がこの『コンパクト農ライフ塾』を始めようと思ったキッカケは、北海道の十勝にて、100haもの敷地で酪農を営む、「しんむら牧場」の新村浩隆さんに出会ったことにある。

そもそも僕は3年前にインターネット農学校The CAMPusというものをスタートさせるにあたり、「全国の変態的な農家たちに会いまくろう！」と決めて、それならまず日本の農業地帯の最高峰である「十勝」を見ないといけないと思って北海道に飛んだ。十勝の農家というのは、1事業者あたりの平均農地面積が約40ha（東京ドーム8個分）と言われていて、それが6800事業者いるという、天文学的なスケールの農業地帯である。

そこで、新村さんと出会い、彼の経営する１００haもの広大な敷地の牧場を見学させてもらい、はじめて「放牧酪農」というものを目の当たりにした。

放牧酪農（自然放牧）をやっている酪農家は酪農全体の２％と言われている。ほとんどの酪農の現場では、牛を牛舎で飼うのが基本。例えば同じ１００haの農地だったとして、１つの牛舎に50頭もの牛をつなぎっぱなしで飼う、いわゆる「つなぎ飼い」の牛舎が敷地内に20舎くらいあって、１舎につき１人のスタッフがつきっきりで毎日「乳搾り」「餌やり」「排泄物の掃除」をやっていく。この場合、合計１０００頭の牛から搾乳できるわけで、大量生産には向いている。と言える。

一方、しんむら牧場の自然放牧の場合、１００haに対しておよそ１５０頭しか牛がいない。その牛たちは毎日、広大な牧草地で草を食べ、彼らの排泄物はその牧草地の堆肥として循環していく。圧巻だったのが、乳搾りのとき。広大な敷地の中でバラバラにいる牛たちの中にリーダー牛がいて、スタッフがリーダー牛に呼びかけると、ものの10分ほどで、搾乳所まで牛たちが勝手に移動を始めた。「これは毎日のことだから、牛たちも覚えて勝手にやるようになるんですよ」と新村さんは教えてくれた。この、自然や生態系と調和しながら再生産をし続けられる酪農経営を見たとき、これぞ「コンパクトだ！」と思えて、何かが降臨してきた感じだった。

つまり、規模の大小というよりも、「小さいエネルギーで大きな豊かさを手に入れる」という考え方こそが「コンパクト」そのものなんだという理論に至った。コンパクトとは、単に小さいというだけではなく、小さくても質が高かったり、小さくてもしっかりと機能したりするもののことを言う。

しんむら牧場では、不必要にハイテクな牛舎なんて建てないで、自然に負荷をかけず、牛を牛らしく草原の中で育てて、その牛たちからもらった乳を使って、さまざまなおいしい乳製品を世の中に送り出した。特に「放牧牛乳のミルクジャム」は、空前の大ヒットとなった。

ここで、「小さいエネルギーで大きな豊かさを手に入れる」ためには、**「作ったものの価値を最大化させる」**ことが欠かせない、ということも学んだ。しんむら牧場が教えてくれた、作ったものの価値を最大化させるのに欠かせないポイントは、「おいしくて健康的な〝本物〟を作る」「価格の決定権を自分たちが持つ」ことだった。

そんな哲学を貫いている新村さんは、暮らしのスタイルもいちいちカッコいい。ヤギたちに農道脇の草刈りを任せ、馬に乗って牧場の中を巡り、仲間たちが集まれば牧場内でキャンプをしつつ高台にあるパノラマテラスでＢＢＱ。冬は家族とスノースポーツを満喫する。

僕は、新村さんと出会って、彼の酪農に対する情熱と誇り、そして「とにかく楽しむ」という精神を大切にするライフスタイルを見て、**大自然の中で「暮らし」と「商い」をコンパクトな考えに基づいてバランスさせる生き方こそが「コンパクト農ライフ」である**と定義づけることにした。

作ったものの価値を最大化させる

ジンジャーシロップ1本で年商3000万

「作ったものの価値を最大化させる」というポイントを考える上では、僕自身の過去の経験も参考になった。

僕は2012年に、ニューヨークに暮らすレストランプロデューサーのKIYO（篠木キヨタカ）と一緒に表参道で「BROOKLYN RIBBON FRIES（B.R.F）」というフライドポテトとジンジャエールの専門店を創業した。当時はまだ僕も「農」のスイッチが入る前で、B.R.Fの事業を「飲食店」というより「食品メーカー」として世界に羽ばたきたいと考えていた。そしてその第一弾として発売したのが、「B.R.Fジンジャーシロップ」だった。既に店舗で大人気だったB.R.Fのジンジャエールが「家でも作れる」ことをウリにした手作りシロップだったのだが、これがまずまずヒットした。この1本で年商3000万を売り上げるようになった。これは小さな飲食店をひとつ経営するに等しい売上だった。

しかし、なぜこのシロップのプチヒットが生まれたのだろうか?

ひとつは「プロダクトというよりブランドを作ろうとした」ことと、もうひとつは「値段は原価の3倍にすると決めた」ことと、そして「まだ一本も売れてない段階から営業マンを立てた」ことだったんだと思う。

まず最初にパッケージを含めた商品のたたずまいがどんな雰囲気なのか仲間たちと徹底的に話し合った。そして、イメージがまとまってきたら値段を仮に付けてみた。ざっくり1本2000円くらいのジンジャーシロップにしようと決めて、いくつかのOEM先とミーティングした後に見積依頼をし360g/800円で生産できると言ってくれた1社と契約した。これで小売価格を2400円にすることにした。発売当初は「高いな~」というお客さんからの意見もあったりして、自分たちでも「ちょっと強気だったかな~」と思いつつも、結果的には売れた。そしてその後、自社店舗でのシロップ製造に切り替えてみると、さらに原価を半分以下に下げることができて、利益率はさらに高まった。

価値を最大化させるために本当に必要なこと

僕は何もくだらない自慢話をしているのではなく、ここで言いたいのは、**作ったものの価値を高めてくれるのは、他人ではなく、紛れもなく自分である。**ということ。

ハッキリ言って、競合他社なんて見なくたっていい。なりふり構わず、自分らしく良いモノ作りをして、そして強気に値段を付ける。例えば、「私は1本5800円の沢庵漬けを作る」と仮に決めたとする。そしたらそこから妄想は始まる。1本5800円の沢庵漬けの全体イメージは？　パッケージのデザインは？　作られる工程は？　どんなこだわりの材料（大根）を使っているのか？　その大根はどんな畑でどんな手間ひまかけて作られるのか？　あと、どんな人たちがどんな食卓でどんな料理と一緒に食べるのか？　どんな料理レシピの可能性があるのか？　などなど。それをひとつずつ明確にしていくと妄想は尽きない（笑）。

そして最後、もっとも肝心なのは、そんな想いを積み上げて、積み上げて、積み上げまくって完成した商品を、どうやって売るのか？　ということ。答えは簡単。積み上げた想いを全てセールスポイントとして言葉でまとめて、あとは営業マン（自分でもいい）に徹底的に覚えてもらう。覚えて、覚えて、覚えまくって自分の素の言葉として発することができるようになればOK。

そうして、心の底から自信をもって「私、コレ好きなんです」って自分たちの商品のことをすっかり愛おしく想いながら、食べてもらいたいお客さんにそのことを伝えていくだけ。あとは勝手に売れていく（笑）。

まとめると、僕が経験から導いた「作ったものの価値を最大化させる」ポイントは、

❶ブランドづくりという観点からモノづくりをすること。
❷出口（価格＋販売先＋営業方法）を明確にすること。
❸生み出したブランド（商品）を心から愛すること。

この3つ。

つまり、ブランド価値を高めるのは、市場（世の中）が勝手にやってくれるのではなく、自らが「こうありたい」と想う気持ちこそが大切なのだ。

小さくても質が高ければうまくいく

「社会の気持ちよさ」を考える

『スモール・イズ・ビューティフル』という本がある。イギリスの経済学者エルンスト・フリードリッヒ・シューマッハーが1973年に書いた本だ。

僕は、この本にめちゃくちゃ影響を受けた。僕のバイブルと言っていい。

イギリス石炭公社の経済顧問だったエルンストは、近く来るだろうエネルギー危機をこの本の中で予言して、それが第一次オイルショックとして実際に起こったことで当時話題になった。当時の世界は、経済発展のために「大量生産・大量消費が不可欠だ」とする国々で溢れていた(今もあまり変わってないかも?)。しかし、本のタイトルにもあるように、エルンストは既にこの当時、「『大きければ大きいほどよい』という考えを意図的に捨て去り、物事には適正な限度というものがあり、それを上下に越えると誤りに陥ることを理解しなくてはならない。小さいことの素晴らしさは、人間のスケールの素晴らしさと定義できよう」と本の中で説いている。より大きな利益を求めていくといつか限界が来る。人間が生きていくためには、社会や環境そのものが持つ本来の大きさ、適切な枠組みというものを意識しなくてはならないということだ。

僕がこの本を初めて読んだのは30歳のころ。地域活性化のボランティア活動を始めて社会課題に立ち向かうことに情熱を燃やしだしたタイミングだったので、この本の僕への刺さり具合たるや凄まじかった(笑)。

当時僕は、事業で大きな失敗を経験して、親会社の一兵卒からやり直していた。もちろん自身のビジネス的な失敗を取り戻すために「ともかく稼ぐ」ということが大事だったわけだが、この本を読んだことで、僕はますます社会課題に立ち向かう活動にのめり込んでいった。

しかしこれがうまくいった。自分のため、クライアントのためだけの仕事をしているときより、次々とスケールの大きな仕事が舞い込んできた。そうして行き着いた答えは近江商人の商売哲学である**「売り手よし・買い手よし・世間よし」という『三方よし』**だった。「売り手よし」は自分自身が気持ちいいことであり、「買い手よし」はお客様が気持ちいいことであり、「世間よし」は社会が気持ちいいことである。この『三方よし』のバランスがわかってからは、ますます仕事がうまくいくようになった。

迷ったときは自然の中に答えがある

時を同じくして、2006年にダライ・ラマ14世が日本（広島）にやってきて、1週間にも渡るかつてない長さの説法会を行った。このときにダライ・ラマ法王が発したメッセージの中で、特に印象に残ったのが「人類の科学の進化は、仏教哲学を実証していく」というような言葉だった。しかしこの「仏教哲学の実証」という意味がわからなかったので、自分なりに仏教哲学を学んでみた。そして、仏教哲学を一言で言うと何か？　を自問自答して行き着いたのは「ただただ自然」ということだった。とするなら、ダライ・ラマ法王が言ったのは「科学の進化は『自然』へ戻っていく」ということだと思った。

僕は、そう解釈してからは、「迷ったときは『自然』の中に答えがあるんだ」と考えるようになった。これが今の僕の活動の原点にある。

そして、時を経て、4年前にThe CAMPusの立ち上げを決意したころ、前述した、千葉で自給自足の暮らしを営むブラウンズフィールドの中島デコさんに教わったのが『わら一本の革命』(福岡正信/春秋社)という本だった。その場ですぐにAmazonでポチッとして、翌日には読破。僕の脳みそに文字通り「革命」が起きた(笑)。自然農法の極み。耕さず、草も取らず、農薬なんて使わず、肥料もやらず、それでいて豊かな収穫をもたらすという無の哲学。これまた僕の価値観は一変した。同じタイミングにさまざまな出来事が重なったこともあり、このとき、僕は「人の心と身体を健康にする」こと以外の商売をやめることにした。

僕が、「スモール・イズ・ビューティフル」から始まって人生の分岐点に出会った本や経験から学び、今、コンパクト農ライフで最も重要だと思うキーワードは**「小さくても質が高ければうまくいく」**である。つまり、質の高さというのは、大きさには関係ない。「高品質というのは手間暇の数で決まる」などとよく言うが、そうではなく、「自らの哲学をしっかりと持って、それを十分注ぎながら物事を動かせば、必ず本質が生まれ、やがて世の中を動かすくらいの大きな結果を生む」のだと思う。

0・5haで年商1000万円を基準にする

オリジナルの数値目標を設定しよう

「The CAMPus」でスタートさせた、日本初の「小さな農家の育成に特化」したオンラインスクール『コンパクト農ライフ塾』では、コンパクト農家の基準値を**「0・5haで年商1000万」**と設定している。これは一体なぜなのか。

世界有数の耕地面積を誇るオーストラリアの農家1事業者あたりの平均耕地面積は約4500ha（2016年）。一方、日本は農家1事業者あたりの平均耕地面積はその1800分の1である約2・5ha（2015年）。ただし、これは北海道や東北などの大規模農家も含めたサイズなので、それを除いて考えるなら、全国平均はかなり小さくなるだろう。農水省が定義している販売農家の最低サイズは0・3haである。そして、ＮＰＯ法人科学映像館がストックしている、昔の農家の暮らしを紹介するフィルム動画の中で、「明治のころの日本の農家（小作人）1戸あたりの平均的な農地は4反（0・4ha）だった」と言っていたので、これも参考にしつつ、区切りの良いところで0・5haとした。

ちなみに、0・5haというのは、他の単位に置き換えると5000㎡。1500坪。畳に直すと約2700畳となる。こうしてみると東京など都会のマンションや家のサイズで換算したら「超広大！」と思うかもしれないが、農村の農地にしてみたらめちゃくちゃ小さいのだ。

そして、売上のほうを1000万円と設定したのは、「日本一小さな農家」と称される石川県の西田栄喜さんの本に『農で1200万！』（ダイヤモンド社）というのがあって、これによると「3反（0・3ha）で1200万」ということだったので、それよりも無理ない金額に設定するなら1000万かな、ということで設定した。

しかし、この石川県の西田栄喜さん（通称：源さん）の変態農家ぶりは凄まじい。1969年、石川県生まれ。大学卒業後、飲食業に興味を持ちバーテンダーの道へ。その後、1994年オーストラリアへ1年間遊学後、日本のビジネスホテルチェーンで支配人を3年間勤める。1999年に菜園生活「風来」を立ち上げ農家に転身。農薬や肥料に頼らない、いわゆる自然栽培を実践し、0・3haの狭小農地で年間50種類以上の野菜を育てている。野菜セットや漬物、スイーツなど、続々と人気商品をプロデュースし自社WEBサイトで販売、年間1200万円を稼ぎ出す日本一小さな農家である。

彼はThe CAMPusでも講義動画を配信しているので、是非とも覗いてみてほしい。源さんの話を聞くとなんだか簡単にできそうな気がしてくる。そんな先駆者たちの話を参考にしながら、まずは一旦、0・5haで年商1000万、そして、この場合の利益目標を600万（自分一人でやっていく場合）と設定して、自分オリジナルの数値目標を立ててみてほしい。

〈オリジナルの数値目標を設定しよう〉

❶何をいくらくらいの価格帯で売りたいのか？

❷月々どのくらいの量を作ることが可能（イメージ）なのか？

❸月々ランニングコスト（支出＝原価＋人件費＋他経費）はどのくらいかかるか？
❹❶×❷はいくら？＝月売上
❺（❶×❷）－❸はいくら？＝月利益

右記は非常にざっくりした事業予算計画だけど、これを細かくすればするほどリアルな事業予算計画になってくる。この月利益をどのくらい残すのかが、自分の生活に必要とするお金（の一部）のサイズを決めてくれる。

ただし、農業は年間を通じてやっていくとき、季節ごとの気温や降雨量などに左右されてしまうので、それらを加味して1年分の予算計画も一緒に作成する必要がある。

ここまでやれば、あとは実行に移すのみ。もちろん計画通りにいかないことも多々起こってくるけど、最初に志したときの「覚悟」を胸に、ともかく「売上を上げる」「支出を減らす」「利益を増やす」の3つを呪文のように唱えながら計画を細かく修正して進めていけば必ず結果は出てくる。「それって当たり前のことじゃん」と思うかもだけど、この当たり前のことをやれない人たちがあまりに多いのも事実。まずは、やろう。今すぐ動こう。

お金をかけないことでアイデアは湧いてくる

今ある現実から未来を創造する

一般的に、農業を始めようと思ったら、まずは農地を手に入れる（買うor借りる）ところから始まり、生産する作物に応じて機材や道具などの設備を揃え、生産環境を整えるためにビニールハウスを建てたり、農薬や堆肥を撒いて作物の成長を促進したり、それ以外にも家と車を手に入れたり（買うor借りる）、その他にさまざまな生活費がかかったりで、金銭的にも精神的にも人生をかけた決断が必要になる。

しかし、迷ったら、全て「自然」の中に答えがある。要はシンプルに考えていけばいい。

そもそもで言うと、農業は、農地（田畑）があって、そこに種を蒔いておけば作物ができるということ。そして、その作物を収穫して商いをする。ということ。

前述の『わら一本の革命』の著者である自然農法家の福岡正信氏は、耕さず、草も取らず、農薬なんてまったく使わず、肥料もやらず、それでいて豊かな収穫をもたらすという「無の哲学」を説いている。

コンパクト農ライフの真ん中にある哲学も、それと同様「小さなエネルギーで大きな豊かさを手に入れる生き方」だ。言い換えるなら、**【小さなエネルギー＝少ない資本や少ない労働力】によって【大きな豊かさ＝暮らしと商いのグッドバランス】を実現すること**である。

そのためには、ミクロ視点とマクロ視点の両方を同時に持つ必要があると僕は考える。

ミクロ視点というのは、「今、目の前にある状況を乗り越えていくセンス」であり、マクロ視点というのは「未来を想像し創造していくセンス」である。その両視点をもって、自分らしいコンパクト農ライフを描くことができたなら、「例え今は知識や経験やお金がなかったとしても、未来にこんなオモシロいことをカタチにするわけだから、今できることはアレもコレもソレもあるね」という気づきが生まれてくるし、自分の向かう方向にドキドキもワクワクもしてくる。そして、チャンスは向こうから勝手にやってくる(笑)。

僕の妻がガンになって余命宣告をされた翌々年、今度は父親がガンになった。彼は直前まで田万里で米農家を営んでいたが、発症から僅か半年で亡くなってしまった。そして僕は突然、スーパー限界集落の古民家と小さな田畑を相続したのだが、ここを再生し守っていくためには、想像以上にお金がかかる。そのときは、The CAMPusの立ち上げ直後だったこともあり、田万里に使える予算なんてまったく残っていなかった。しかし、この地域をどうにか再生したいと考えて、地域の人たちに戯言のように「田万里の未来がこうなるとオモシロいでしょ?」と夢を語っていたとき、突然連絡がありで僕が農村によく行く写真を投稿しているのを友達がたまたま見て、Facebook「いもっちゃん、今農水省が山村活性化の事業を募集してるよ」と教えてくれた。僕は即座に動いて、田万里の限界集落再生プロジェクトの企画書を創り上げ、農水省に応募した。結果、見事に合格。まったくもってゼロだったプロジェクトに大きな推進力が生まれた。

ここでポイントとしたいのは、「お金がない状態を悲観して諦める人」か「お金がない状態でも希望を持って行動する人」かの違いである。さて、あなたはどちらのタイプの人なのだろうか。

農×地域再生
限界集落を輝かせる黄金の絨毯。“三方よし”の商いで全国を耕す

［Profile］

井本喜久

Imoto Yoshihisa

広島県竹原市／TAMARIBAプロジェクト代表
農園オーナー・インターネット農学校The CAMPus校長・ブランディングプロデューサー

広島の限界集落にある米農家出身。東京農大を卒業するも広告業界へ。26歳で起業。コミュニケーションデザイン会社COZ（株）を創業。2012年飲食事業を始めるも、数年後、妻がガンになったことをキッカケに健康的な食に対する探究心が芽生える。2016年新宿駅屋上で都市と地域を繋ぐマルシェを開催し、延べ10万人を動員。2017年インターネット農学校The CAMPusを開校。2020年小規模農家の育成に特化した「コンパクト農ライフスクール」を開始。農林水産省認定の山村活性化支援事業もプロデュース中。

地域の特徴を活かして村を元気に！集落を覆い尽くす菜の花プロジェクト

この章間コラムでは、僕が関わってきたたくさんの「スゴイ新・兼業農家」さんの中から何名かを紹介させてもらっています。今回は、僕自身が新・兼業農家としてやっている活動の一部を紹介します。

これまでも触れてきましたが、僕は今、東京でインターネット農学校を運営しながら、日本全国を行き来して農に関するプロジェクトに取り組みつつ、月の半分は故郷・広島の農村で過ごしています。耕作放棄地2・4haを再生させ、「菜種・米・大豆」を作り、それぞれ「菜種油・米粉揚げパン・豆乳チーズ」へ加工し商品化。この加工のチカラによって、素材のままで出荷するより60倍も多くの売上が見込める、という話を序章でもしました。

この菜種・米・大豆、実はそれ自体を作ることが当初の目的ではありませんでした。どれも故郷・田万里の「限界集落再生プロジェクト」の過程で生まれてきたのです。

「限界集落」とは、人口の50％が65歳以上になった集落のこと。田万里町も立派な限界集落です。序章でも話したとおり、田万里は広島県竹原市の山間にある町で、過疎化が止まりません。世帯総数１７６世帯、総人口４２２人、そのうち20～30代の若者はたった24人です。

僕自身、大学で上京してから人生のほとんどの時間を東京で暮らしていました。しかし数年前、田万里で米農家を営む父を亡くしたことをきっかけに、日本の農業の現状を目の当たりにすることになります。残された農地をどうしよう？　と、地元の農業現場の最前線の人たちに相談したところ、田万里町では「70歳の農家が若手」と呼ばれていたのです。

これはこの町に限ったことではありません。日本全国の農村では高齢化と担い手不足が深刻化しているのです。この現状を前にしたとき、「何もしなければこの地域は滅んでしまう。今からでも自分にできることはないだろうか？」と、そんな思いが込み上げてきました。

残された自分の土地で農業をやるだけでは、この現状は変わらない。上京してからの事業で学んだ「売り手よし・買い手よし・世間よし」の『三方よし』を考えたときに、自分とお客さんのためだけの農業をやっても意味がない、地域が元気にならないと、自分が本質的にやりたいところにつながらないと思いました。

農村を元気にしたい、田万里という町自体を元気にしたい。

そう考えたときに思いついたのが、集落全体をまるごと菜の花で覆い尽くす『有機あぶらの里プロジェクト』です。

田万里は稲作を中心にしてきた村だから、米ばかり作っていっても、今の風景と何も変わりません。これまで培われてきた稲作のスタイルを活かしつつ、地域の風景を変え、確かな地域ブランドを誕生させる方法はないか——。

田万里は、南北を山に囲まれ、南から北の山裾までの距離が300mほどしかない盆地が約5km続く、まるで「うなぎの寝床」のような細長い地形。町の真ん中に国道

2号線が通っていて、山側には新幹線も通っており、通り過ぎていく人は多いのですが、誰もそこが田万里という町だということは知らない。名もなき農村でした。

これらの地形と特徴を活かして、かつての田万里町の活気を蘇らせたい。そう考えたとき、The CAMPusの活動を通じて、「米を作っていないシーズンの田んぼに菜の花を植えると、土が良くなるし人も観光に来る」[※1]という話を知り、「国道2号線の両脇を『菜の花』で覆い尽くそう！」と思ったのです。


僕は子供のころからロマンチストだったから（笑）、父が運転する車で国道2号線を通るとき、窓の外に広がる田んぼを眺めて、「この田んぼが全部あかるい色の花畑になったらキレイだろうなぁ」と妄想していました。

それを実現させるときが来たように思いました。村を黄金の絨毯で覆い尽くして、『風の谷のナウシカ』の「その者青き衣をまといて金色の野に降り立つべし」……みたいに、その真ん中を駆け抜けられたらロマンチックじゃん、と（笑）。

国道沿いに菜の花の絶景が広がることで、今まで通り過ぎていた人々が、足を止め散策し、この町を知るきっかけにもなります。人々が訪れることで、活気が生まれ、

[※1] 菜の花：畑を肥やして次に育てる農作物の手助けをする緑肥効果がある。

ここで暮らす人々も気持ちが若返るくらいに嬉しくなるだろうと思いました。

さらに、菜の花は絶景を作ってくれるだけではありません。昔は、菜の花を採って菜種にし、それを絞って油にして、残りを田んぼの中に緑肥として入れることで肥沃な土ができ、米がよく育つ、というサイクルがまわっていました。しかし暮らしが変わっていく中で、「油はスーパーに売っているし、自分たちで絞らなくてもいい」「緑肥なんて漉き込まなくても、農協が売っている堆肥を買えば十分だ」という流れになっていきました。

でも、本来はそうじゃない。菜の花を植え、菜種を絞り、緑肥を入れ、米を育てるという循環、自然の摂理に則ったしくみを活かすのは、うつくしく豊かな暮らしだろうと思いました。

春の時期に村全体に菜種を植え、5月のGWには、観光客が菜の花畑を観に来る。そのあとは菜種を収穫して油を精製する。そして、いつも通り水稲を植えて秋になったら米を収穫し、今度は米ぬか油を生成する。残った米の芯は米粉にしてパンを作り、菜種油と米ぬか油で揚げて「揚げパン」にする。しかもそれらを全て有機で作る。そうすれば、「土から作った究極の揚げパン」になるなあと！

こんなことを仕掛けて、地元の若者たちによるベンチャーが誕生したら面白いだろう、ということで自治体にも具体的に提案し、「進めていこう！」という機運になっていきました。

突然の豪雨被害。そこから芽吹いた新たなアイデアは「豆乳チーズ」

そんな矢先の、2018年春……西日本豪雨が発生。

被災した田万里は壊滅的な状況に。多くの土地に土砂が流れ込み、民家においても断水や家屋浸水など、大変な被害があり多くの人が傷つきました。

どうしてもこのような有事のときは、まず生活インフラの方が優先され、田畑など農地のことは後回しになります。前年にThe CAMPusを立ち上げていた僕は、いても立ってもいられず、有志のボランティアを募り、田んぼの水路に流れ込んだ土砂をスコップで掻き出しに行きました。作業はたった2週間ほどでしたが、全国から訪れてくれた延べ140人のボランティアのみなさんのスペシャルな動きもあって、田万里町の農家たちにもとても喜んでもらえました。

その中で地元のみなさんとコミュニケーションを重ねていくうちに、「この災害を乗り越えて町を盛り上げる事業に取り組んでいこう」という話が活発化。

菜の花プロジェクトの構想が持ち上がり、一気に実現にむけて加速し始めます。「この土地どう?」「うちの畑でやるか?」とどんどん声をかけてもらっているうちに、2・4ha（24000平方メートル）もの農地を貸してもらえることに。

いよいよ実現に向けて動き出そうと田んぼをチェックしていたら、土砂で壊れてしまった水路には水を入れられないことが発覚。どうする？　となったとき、浮上したのが「大豆」でした。大豆を育てるのに、水はいらないのです。

さらに、育てた大豆を豆乳にして、バターやチーズを作ったらいいじゃん！　と思いつきました。そう、これが「50万円が３０００万円に化ける」大豆加工製品の発端です（笑）。６次化、商品化することを前提に農業を考えるからこそ生まれた発想でした。

「コンパクト農ライフ」の基本は、小さいエネルギーで大きな豊かさを得るということ。すると、農業においても、商いにおいても、「作った農作物の価値を最大化させる」ことを考えることになる。その道の１つが、加工商品にすることなのです。

本格的な実現に向け、事業計画を立て、いろいろな人たちの知恵も借りながら、グランドデザインを描きました。資金がどれくらい必要かわかったところで、クラウドファンディングを行い、賛同してくれた２４１人もの支援により３４３万６０００円の資金を集めることができました。

そうこうしていたら、友人が「農水省の『山村活性化支援事業』というのがあるから、応募してみたら支援してもらえるかもよ」と勧めてくれました。当初、個人的にはそういう助成金などには頼りたくないと思っていたのですが、市の職員さんが応援してくれたりなどもあって、申し込んでみたら見事合格。支援事業に選んでもらい、1000万円×3年間の交付金を得ることができました。

西日本豪雨の爪痕は確かに大きかったです。しかし、ピンチはチャンス。しっかりとした前向きなビジョンを持って必死に取り組めば、必ずチャンスは巡ってくるはずだと思えました。

2019年に完成した試作品[※2]を口にしたときの喜びは言葉にしがたいものです。2020年には営業活動をし、販路を広げながら生産していこうと計画しています。さらに、田万里で生産される作物を加工したさまざまな6次化商品を誕生させ、周辺地域だけでなく日本全国、さらに世界へと販売。田万里町ブランドの名が世界中に広がっていくことを目論んでいます。将来的に生産量・販売量を増やして雇用を生み、地域を活性化させ、次世代につながるビジネスモデルを確立したいと考えています。

父が亡くなり、故郷に残された土地をどうしよう、というとき、自分の畑だけを耕すのではなく、地域全体を耕そう、と思った。もっと言うと、うちの地域だけではな

[※2] 菜種油・米粉揚げパン・豆乳チーズ：7ページに試作品の写真を掲載。

く、全国を耕すぞと思えた。田万里のような村は全国にたくさんあるから、うちの畑・町だけをなんとかするのではなく、日本全国の農村を元気にしたい、それを自分の生き方のひとつにしていきたい、そんな思いが湧きました。

そこに自分と家族のライフスタイルを掛け合わせたとき、都会と地方の両方で仕事と生活をするデュアルライフ[※3]が良いなと思いました。ビジネスパーソンとして広告業や飲食業で培ってきたスキルや経験を活かし、都会では「全国にはこんな農ライフがあって面白いよ！」というのを発信する仕事をして、地方では「この土地をどうやって元気にするか」を現地の人たちと語り合いながらやっていく。それが相互関係、互いに良い影響を与え合うという意味でのデュアルライフだと。

自分がオモシロいと思ったことで、目の前のお客さんが喜んでくれて、社会も平和になっていったらベストですよね。だから僕の場合は、新・兼業農家を通して、自分の土地だけでなく地域全体、日本全体を耕そうという、そんな感覚でいます。

[※3] デュアルライフ：都会と地方を双方向で行き交うライフスタイル。二拠点生活、二域居住ともいう。一時滞在とは異なり、双方を継続的な生活の拠点とすることを指す。

【参考:『有機あぶらの里』プロジェクト事業計画書(著者作成)】

TAMARI ORGANIC OIL VILLAGE PROJECT

田万里『有機あぶらの里』プロジェクト

Sept.2018

The CAMPus

「菜の花畑で地元に絶景をつくりたい」という想いからこのプロジェクトは始まりました。

田万里は人口422人(世帯総数176世帯)の稲作中心の農村です。近年では高齢化が進み、農業の発展も厳しい状況が続いています。

田万里町にある稲作の田圃は、多くがその昔は棚田でした。近年は圃場整備が進み、地元民で農事組合法人をつくって米作りを続けていますが、担い手の育成までは至っていない状態です。

町の中央には交通量の多い国道2号線が東西に伸びており、その**両脇に広がる多くの田圃全てが菜の花畑になったら非常に美しい景色が広がるだろう**というアイデアからプロジェクトは始動しました。毎年春に周辺地域はもとより、全国からも人々が集まって賑わいに満ちた農村風景ができたら。。。

■広島県 竹原市 田万里町

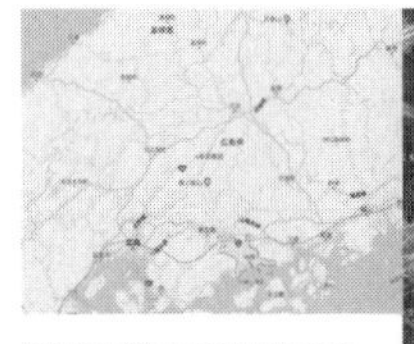

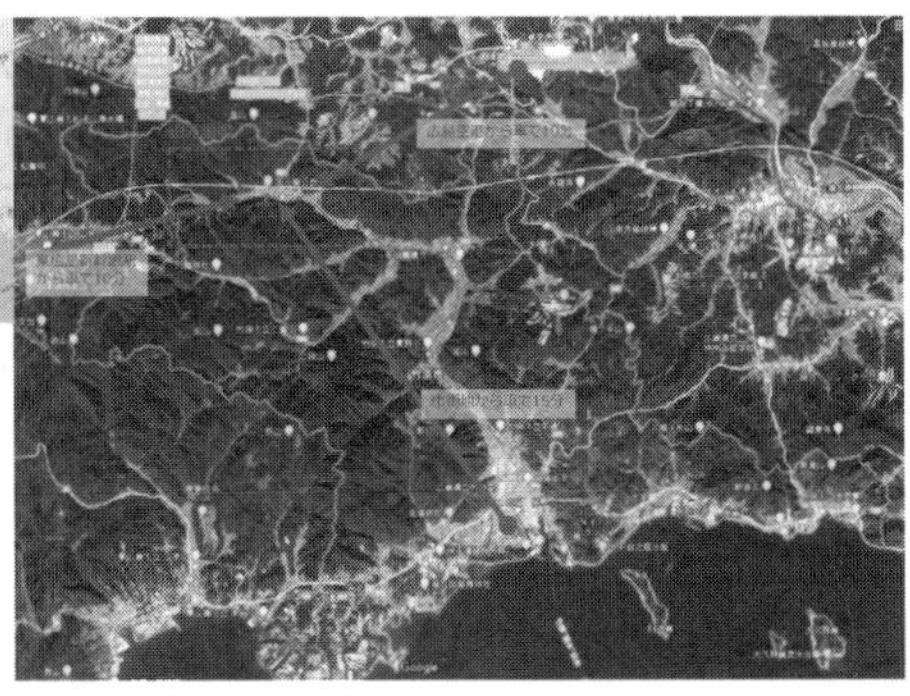

竹原市は人口約2.6万人の広島県のへそとも言える県南の中央に位置する街です。
瀬戸内海に面した市街地からはおよそ車で15分ほど北に入った場所に田万里町があります。

田万里は、過疎が進む村でありながらも、空港や新幹線の駅から非常に近いという利点を活かせば面白い地域活性策を展開しやすい場所であると考えます。

6

■田万里町の全景とプロジェクトの実施場所

7

■プロジェクトの実施場所（拡大地図）

8

■旧小学校の雰囲気

9

■1.5haの田畑の雰囲気

10

■事業目的

プロジェクトのミッション

「稲作中心の衰退した農村を5年で活性化し成長軌道に乗せる」

プロジェクトのKPI
・5年で年商約8000万の事業を作り黒字化させる。
・5年で地域生活者を2%（20～30代）増加させる。

活性化への必須要素

ブランドづくり
・地域全体のブランド化
・6次化による基軸事業確立

人づくり
・学びを軸とした交流装置を用意
・当事者意識の高いリーダー育成

コミュニティづくり
・感度の高い次世代層を集める
・次世代層と地域住民の交流

持続性づくり
・土壌改良・有機農業に挑戦
・景観を考慮した地域デザイン

12

■生み出す2つのブランド

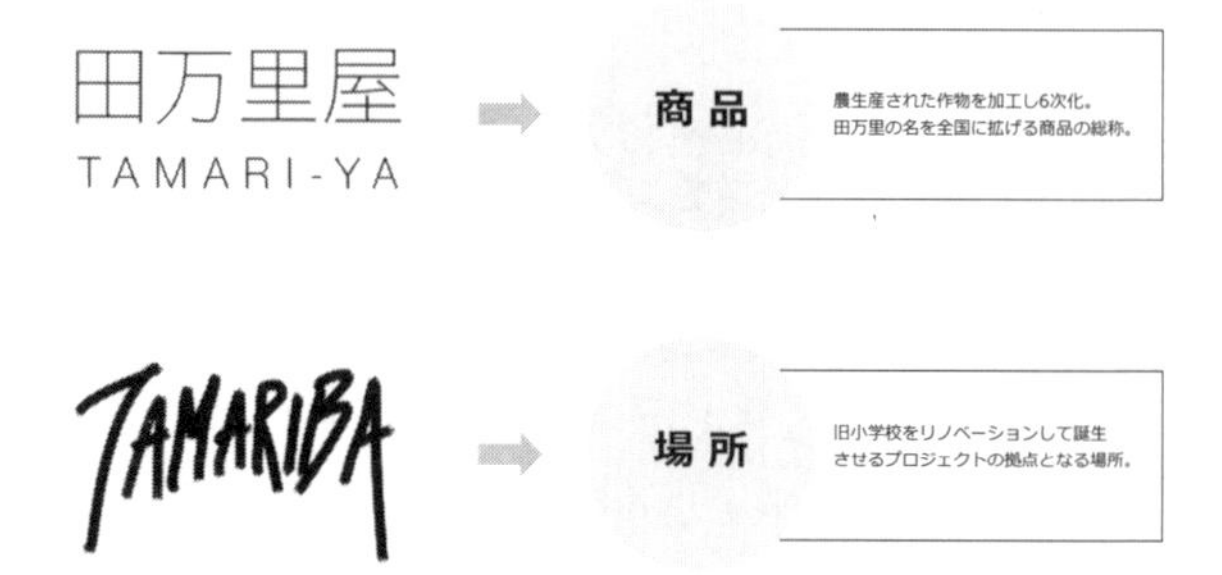

13

■事業の内容①　ベースとなる農作物の生産

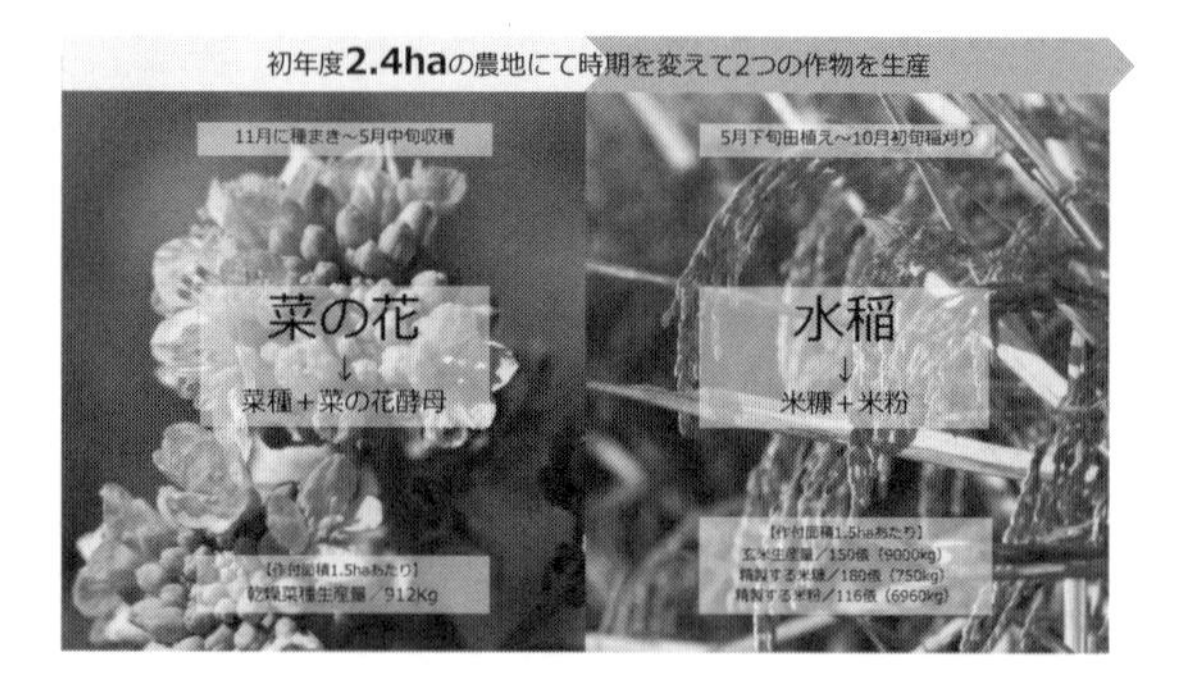

14

■事業の内容②　軸となる３つの商品開発

田万里屋
TAMARI-YA

菜種あぶら

【作付面積2.4haあたり】
菜種油／216リットル
※360ml瓶換算／約600本
※一升瓶換算／約120本

米糠あぶら

【作付面積2.4haあたり】
米糠油／210リットル
※360ml瓶換算／約580本
※一升瓶換算／約116本

揚げパン

カレー、たまごサラダ、きんぴら、
菜の花ツナ、ジャム、あんこ、
地域で作られた野菜や果物を
ふんだんに使用したライナップ。
※1日あたり500個を販売

15

■事業の内容③　プロジェクトの拠点となる旧小学校リノベーション

TAMARIBA

1F
・揚げパンカフェ
・精油工房

2F
・イベントスペース
＋ラウンジ
（アカデミーサロン）

The CAMPusの生徒たちの中にいる田舎で農的暮らしを学びたいと思っている人を大募集。彼らに向けたリアルな講義（小さな農家になる方法など）を展開していく。

3.4F
・農体験ツアー
客用ホステル
（個室＆ドミトリー）

16

■プロジェクトの流れ5カ年

2018年（1年目）

■準備の年
■田畑借受1.5ヘクタール

・11月：地元プロジェクトチーム発足
　プロジェクト推進の民間ベンチャー指定
　　～ 一般社団法人The CAMPus
・11～12月：獣害対策ほか準備
　※出資者・寄付者決定
　※山村活性化支援交付金申請～決定

2019年（2年目）

■米糠あぶら＆揚げパン試作の年
■田万里屋ブランドサイト誕生

・1月：施肥＋耕うん
・1月末：菜の花 種まき
・5月GW：菜の花満開
　　※GW終了直後、鋤込み
　　→1反分のみ菜種油生成
・5月末 ：田植え（品種：あさひ）
・6月：田植え完了～ブランドサイト制作開始
　　：各種セールスツール制作開始
・8月：田万里盆踊り祭
　　：ブランドWEBサイト完成
　　～SNSを中心にWEB上でPR開始
　　：各種セールスツール完成～営業開始
・10月：稲刈り～施肥＋耕うん
・10月末：菜の花 種まき
・11月：米糠あぶら＆揚げパン試作生産（OEM）
　　～試験流通開始

2020年（3年目）

■米糠あぶら＆揚げパン第1期生産の年
■菜種あぶら試作の年
■旧小学校物件改装～TAMRIBA１F部分オープン
■田畑借受3ヘクタールに拡大

・3月：菜の花満開
・4月：旧小学校賃貸契約
　　～リノベーション開始
・4月末：菜種刈取り～鋤込み
・5月初旬：菜種あぶら試作生産（OEM）
　　～試験流通開始
・5月末：田植え（品種：あさひ）
・7月：旧小学校リノベーション1F工事完了
　　～揚げパンカフェ・精油工房を設計・施工開始
・8月：田万里盆踊り祭
・9月：揚げパンカフェ・精油工房誕生
・10月：稲刈り～施肥＋耕うん
・10月末：菜の花 種まき
・11月：米糠あぶら＆揚げパン第1期自社生産～流通開始

2021年（4年目）

■菜種あぶら第1期生産の年
■TAMRIBA2～4F部分オープン
■田畑借受6ヘクタールに拡大

・3月：菜の花満開
・4月：旧小学校リノベーション2～4F内装工事開始
・4月末：菜種刈取り～鋤込み
・5月初旬：菜種あぶら第1期自社生産～流通開始
・5月末：田植え（品種：あさひ＋α）
・8月：旧小学校リノベーション2～4F内装工事完了
　　～田万里盆踊り祭
・9月：TAMARIBA アカデミーサロン＋ホステル誕生
・10月：稲刈り
　　※アカデミーサロン開始
　　※稲刈りボランティアスタッフ宿泊
・11月：米糠あぶら＆揚げパン第2期自社生産～流通開始

2022年（5年目）

■田万里屋ブランド全国流通開催
■TAMRIBA本格稼働～各種イベント開催
■田畑借受12ヘクタールに拡大

・3月：菜の花満開
　　：TAMARIBA NANO-HANA FESTIVAL初開催
・4月末：菜種刈取り（菜種収穫まつり開催）～鋤込み
　　※菜種収穫ボランティアスタッフ宿泊
・5月初旬：菜種あぶら第2期自社生産～流通開始
・5月末：田植え（品種：あさひ＋α）
　　：TAMARIBA TA-UE FESTIVAL初開催
　　※田植えボランティアスタッフ宿泊
・8月：田万里盆踊り祭
・10月：稲刈り
　　：TAMARIBA INE-KARI FESTIVAL初開催
　　※稲刈りボランティアスタッフ宿泊
・11月：米糠あぶら＆揚げパン第2期自社生産～流通開始

■5年間の収支

2018年（1年目）

■売上／合計¥0

■支出／合計¥300万

・獣害対策費用¥150万
・調査関係費用¥100万
・その他準備経費¥50万

■利益／合計▲¥300万

2019年（2年目）

■売上／合計¥457万

・米糠あぶら試作販売 2500円×290本=¥73万
・揚げパン試作販売 200円X500個X48日X0.8＝¥384万
【内訳】
※米粉6960kg 揚げパン1つにつき米粉50g使用
6,960,000÷50=139,200個
これを単価200円で最大販売すると¥2784万円となる
※一日500個販売 年内48日営業として¥480万
ロス率20%として¥384万

■支出／合計¥1287万

・OEM生産原価率30%
米糠あぶら¥22万　揚げパン¥115万
・商品生産諸経費¥150万
・農業＋商品生産人件費¥600万
・ブランドWEBサイト＋セールスツール制作¥300万
・PR関係費¥100万

■利益／合計▲¥830万

2020年（3年目）

■売上／合計¥2607万

・菜種あぶら試作販売
2500円×300本=75万円
・米糠あぶら自社第1期生産販売
2500円×580本＝145万
・揚げパン自社第1期生産販売
200円X500個X260日X0.8＝¥2080万
・残った白米の直販 123俵X2.5万＝307万
【内訳】
※一日500個販売X毎週5日間営業X年間52週＝¥2600万
ロス率20%として¥2080万

■支出／合計¥3417万

・OEM生産原価率30%
菜種あぶら¥23万
・自社生産原価率10%
米糠あぶら¥15万　揚げパン¥208万
・商品生産諸経費¥300万
・白米パッケージング費用／31万
・農業＋商品生産人件費¥840万
・TAMARIBAリニューアルの部分工事費 2000万

■利益／合計▲¥810万

2021年（4年目）

■売上／合計¥4602万

・菜種あぶら自社第1期生産販売
2500円×600本＝150万円
・米糠あぶら自社第2期生産販売
2500円×1160本＝290万
・揚げパン自社第2期生産販売
200円X750個X260日X0.8＝¥3090万
・残った白米の直販 301俵X2.5万＝752万
・イベント＆アカデミー・ホステル売上 20万X16週=320万

■支出／合計¥4659万

・自社生産原価率10%
菜種あぶら¥15万　米糠あぶら¥29万　揚げパン¥310万
・商品生産諸経費¥600万
・白米パッケージング費用／75万
・農業＋商品生産人件費¥1080万
・イベント＆アカデミー・ホステル諸経費 64万
・TAMARIBAリニューアルの残工事費 3000万

■利益／合計▲¥57万

2022年（5年目）

■売上／合計¥8310万

・菜種あぶら自社第2期生産販売
2500円×1200本=300万円
・米糠あぶら自社第3期生産販売
2500円×2320本＝580万
・揚げパン自社第2期生産販売
200円X1125個X260日X0.8＝¥4680万
・残った白米の直販 684俵X2.5万＝1710万
・イベント＆アカデミー・ホステル売上 20万X52週=1040万

■支出／合計¥3455万

・自社生産原価率10%
菜種あぶら¥30万　米糠あぶら¥58万　揚げパン¥468万
・商品生産諸経費¥1200万
・白米パッケージング費用／171万
・農業＋商品生産人件費¥1320万
・イベント＆アカデミー・ホステル諸経費 208万

■利益／合計4855万

田万里の田畑に広がるうつくしい風景と、そこから生まれた豆乳チーズ。

第4章

「新・兼業農家」の始め方

Chapter 4
How to become a farmer in the new era

さて、そろそろ読者のみなさまも「新・兼業農家、自分でもやれるかもと思えてきているのではなかろうか。この章では実際に「新・兼業農家」を始めるにはどうすればいいか、その入り口を示していく。

暮らしのデザインをしよう

暮らし×商い＝人生を計画する

もしも本書を今、読んでいるあなたがビジネスパーソンだとしたら、こんな経験はないだろうか？

取引先の担当者から「来週までに計画書をいただきたいです」みたいなことを突然

頼まれて、予定していた仲間との飲み会や、家族との週末のお出かけなんかをキャンセルして、1週間ぶっ通しで事業の計画を書いた、とか。それに近いシチュエーションなど。

しかし、考えてみてほしい。会社のビジネスに関わることなら、1週間ぶっ通しで頑張れるのに、自分のプライベートの方だと「暮らしの計画書」なんてまったく書かないし、書くことすら想像したこともないはずだ。

多くのビジネスパーソンの思考は、ビジネスとプライベートはセパレートされている。

前述したが、「農」という文化価値の中には「暮らし」と「商い」という2つの要素があって、これをうまくバランスさせるのが新・兼業農家には必要不可欠である。とするなら、ビジネス的な「商いの計画書」とプライベートな「暮らしの計画書」を合体させて書いてみてはどうだろうか？

僕がThe CAMPusの事業と自分の暮らしをデザインしたときの図（2018年6月

作成）を載せた。

下の図を見てもわかる通り、コアな部分は「商い」なんだけど、全体を包括するのは「暮らし」である。不等号で表すならこうだ。

暮らし＞商い

自分は、この先、どんな生き方をしたいのか？　その中には、もちろん今の仕事のことだって関わってくるし、そこに家族も巻き込んでいくことになる。自分の判断が全てを変えてしまうことになる。責任は重大だ（汗）。

しかし、少しだけ言い方を変えれば

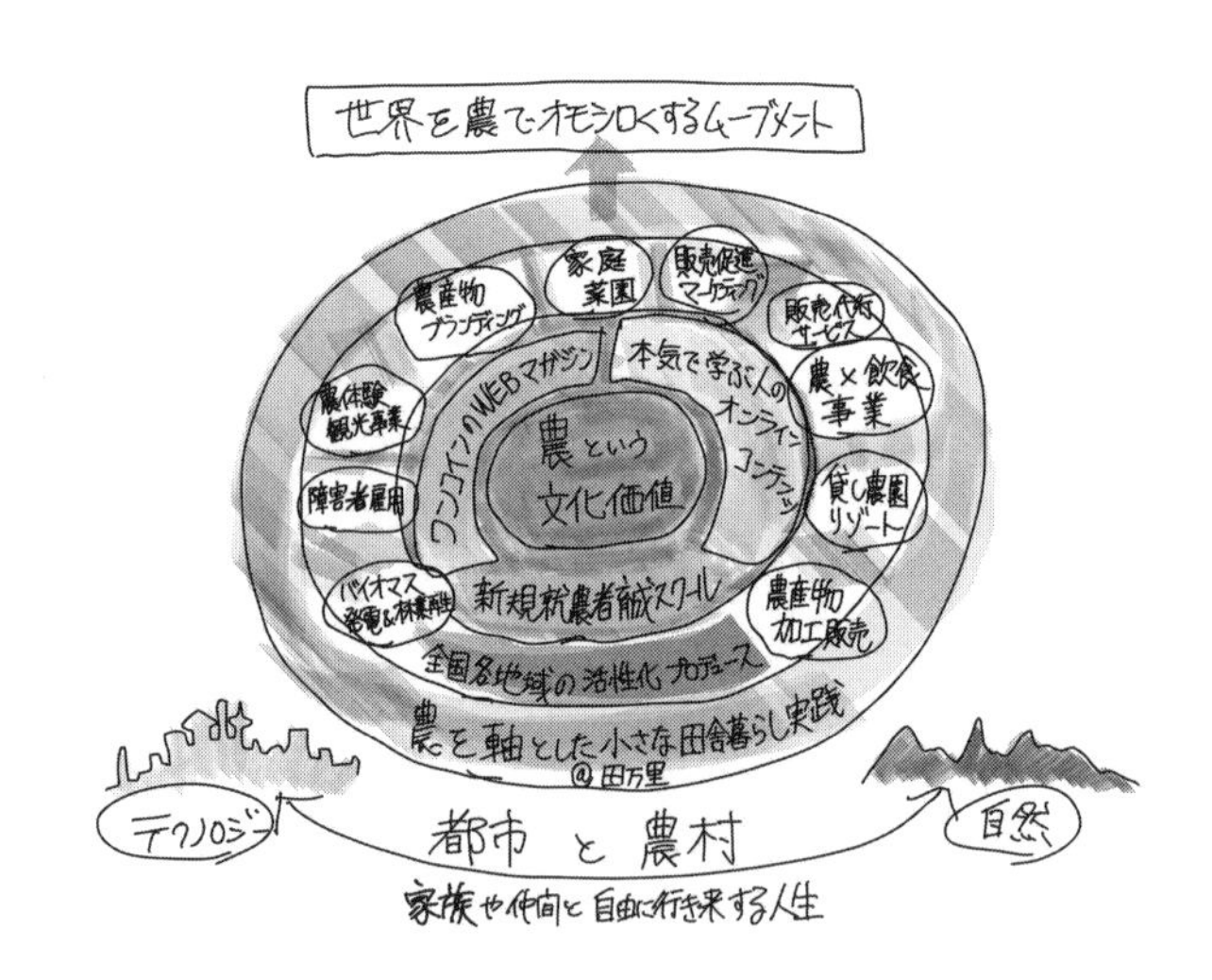

まるっきり見方は変わってくる。「自分のこの先の人生は、今の仕事に区切りをつけて次なるステップに踏み出すことで、家族とオモシロい道を進み始める！」というように、言葉をポジティブな方向に並べてみることが重要だ。

もちろん、「今の仕事は考えてなかったけど、就職活動して内定が出たので就きました」とか、「このマンションは、ネットで検索してたまたま見つけたので借りました」とか、人生は「運」とか「たまたま」の縁の連続なんだけども、一方で、「サーフィンをしたいから、将来的には海の近くで暮らしたい！」や「食を大事にしたいから、畑で農作物を作りたい！」など、自分の実現したいことをくっつけて考えていけば、自然と前向きな人生設計の脳みそが動き出す。

なので、**これまでの「たまたまの縁」と今後の「やりたいこと」**とを一旦、全部丁寧に書き出してみて、それら一つひとつをどう関連付けるのかをパズルのピースのように、有機的に結び付けて考えて図式化していってみると、自分の進むべき人生の方向性がクリアになってくる。

しかし、ここで注意すべきは、「やりたいこと」を書き出すときに、多くの人が潜在意識の中で「自分の本当の夢には、お金と手間がかかる」と思い込んでしまっていて、わりと実現可能なハードル低めのことを書き出すことがある。その考え方で全体を構成すると、俯瞰してみて「まったくオモシロくない人生プラン」になってしまう（笑）。なので、ひとまず、小学生くらいの脳みそになって、実現可能とか不可能とか考えず、書きなぐっていくこと。

そして、真ん中には自分が最も大切に思っている「価値観」とか「座右の銘」なんかを置いてみると、【暮らし×商い＝人生】の計画書は完成する。

今週の土日、たったの2日間だけでいいので、自宅の机にかじりついて早速、これをやってみよう。きっと人生の風向きがいい感じに変わってくるから。

思いをアウトプットする

自己紹介を通して自分を知る

実は多くの人が自分のプロフィールというものをガチンコで作った、という経験がない。よくある履歴書のフォーマットに、学歴や職務経歴を書き込んだことはあるかもしれないが、僕が言うプロフィールはそういった類のものではなく、雑誌の取材なんかを受けたときに自分の顔写真と共に掲載されるようなプロフィールのことだ。

しかし、そう言うと、今度は「誇れるほどの実績がない」とか言いながらプロフィールの記載をためらう。しかし、誰しもが他人に誇れる実績なんてない。別に「私は小さいころ、道端でアスファルトの裂け目から力強く伸びたコスモスの花を見て感動して花屋になりました」でもいい。いや、むしろそっちの方が感情豊かで伝わるものがある。

The CAMPusでやっているコンパクト農ライフ塾では、塾生たちの自己紹介をとても大切にしている。その理由は「仲良くなるため」なのだが。実際にどんな風に自己紹介するかというと、まず、入塾が決まった人には事務局から「自己紹介シート」（164〜165ページに実例を掲載）が届く。この自己紹介シートへの記入は、想像以上に、本気で自分の人生の道程を細かく振り返らないと書けないようになっていて時間も労力もかかる。

そしてさらに、この自己紹介シートは塾生全員に事前に共有され、入塾して初めて顔を合わせた瞬間に、既に全員がお互いのことを知り尽くしている状況が生まれる。にもかかわらず、全10回の講座のうち、最後のプレゼンテーション大会以外の全9回とも毎度、2時間のうちの30分間という貴重な時間を使って1人1分の自己紹介をする。全員が何度も聞いているのだが、それでもやり続ける。わりとこれは拷問級である(笑)。

しかし、なぜ僕がこれほど「自己紹介」にこだわるのか？　というと、前述したように「仲良くなるため」ということもあるのだが、もう一つは**「アウトプットすること**

で人間は成長する」と考えているからだ。自分のことを初めて会う誰かに「私はこんな人間です」と説明するとき、1分くらいで話すのが、聞き手にとってもっとも優しい時間だと思う。

自分が誰かの話を聞くのを想像してみてほしい。問いかけてもいないのに5分や10分、ひたすら自分の話だけしてくる人がいたら、もちろん話す内容がすこぶるおもしろければ良いが、大概は「話なげーなー」と思って時間が過ぎるごとに不快になっていくのではないだろうか？

つまり、誰かに自分の思っていることを伝えるには、簡潔にまとめてから話すのが良い。これは、キャッチコピーを考える作業に似ている。キャッチコピーとは、セールスするための口説き文句のことだが、これを専門的に考える職業の人たちをコピーライターと言う。彼らは、一つの商品やブランドのキャッチコピーを考えるとき、まずはその商品やブランドに関する情報を膨大に集めて知り尽くすことから始める。そして、膨大に集めた情報のうち、無駄なものをひたすら削ぎ落としていく。削ぎ落として、削ぎ落として、最後に残った言葉こそが、その商品やブランドの本質的な価値なのだ。

「コンパクト農ライフ塾」自己紹介シート 1

名前：中西 衣都香

ふりがな：なかにし いつか

ニックネーム：いっちゃん

趣味・特技・かくし芸

趣味 ・動物や植物の写真撮影
・牧場巡り、カフェ巡り
・空眺めながら草原で昼寝

特技 ・羊周りの仕事(毛刈り爪切り)
・何でも楽しめる・前向き
・感動ポイントが多い

自己紹介

初めまして、中西衣都香と言います。

動物と自然が好きで、小さい頃から動物関係の仕事に就きたいと考えていました。

研修先で羊に魅了され、20歳の頃に羊飼育員としてスタート。自然と動物に囲まれて、山あり谷ありを経験しながら"お客様も動物もスタッフも、みんなが笑顔でいれる場所を作る"という目標で11年働いてきました。そして仕事が一区切りつき今年の5月末で牧場を卒業。夢は自分の牧場を持つことです。

また最近パーマカルチャーという生き方があると知り、農への興味が高まりました。コロナの影響で、食についても考える機会があり、勉強をさせて頂きたいと思います。よろしくお願いします。

簡単な経歴

1988年生まれ
奈良の田舎で育つ
中学→高校→専門学校から神戸

20歳の頃
観光牧場で飼育員として
羊と牧羊犬を担当。シープドッグショーでパフォーマンスを経験。
今年で12年目に突入したが、
2020年5月末をもって退社。
次のステージのために準備中。

「コンパクト農ライフ塾」自己紹介シート 2

どんな「農」ライフを送りたいですか？

まずは小さな所から、家族や動物たちが食べる分を作り食卓に並べたいです。

長靴を履いて畑に行き、土に触れて、日常の一コマに農作業をいれたいです。

その具体的なイメージ

雰囲気は映画「ベイブ」のような世界です。

緑が輝く自然溢れる場所。庭には羊や鶏などの動物たち。羊の糞を肥料に畑作りを行って、野菜だけでなくハーブや果物も育てて。

上手に育てられるようになったら、小さなカフェを始めます。季節によって違う、オリジナルメニューの提供。訪れた方が、自然や動物たちに癒され、心がほっとする場所。また、明日からも頑張ろう、そう感じてもらえるような空間です。

そこでは動物たちとのコミュニケーションの取り方も伝えて、みんなが笑顔になってほしいです。

「農」を意識し始めたきっかけは？

パーマカルチャーという生き方を知ったことと、コロナの影響で食に対する意識が強くなったことです。

また田舎で過ごしていたときは、祖母と一緒に畑もしていて、食卓には当たり前のように野菜たちが並んでいました。その生活を、私も実践していきたいと思いました。

今の生活の中での「農」ライフの要素は？

最近、プランターでの家庭菜園を始めました。

「コンパクト農ライフ塾」自己紹介シート　3

あなたの人生の楽しかったこと、大変だったことをグラフにしてください！
（そのときの感情、考えたことの一言メモも記載してください）

＋
－
誕生
現在
自然いっぱいの奈良で育つ
小学校では羊を飼育
夢は動物の飼育員
中学生の頃人間関係に悩む
動物や自然、カメラに助けられる
動物の専門学校へ
観光牧場へ就職（20歳）
・飼育員を楽しむ
・独学で牧羊犬を育てる
・出張毛刈りスタート
学校へ出張授業（６年間）
写真展を開催（６年間）
上司との関係に苦しむ
上司との関係が悪化
牧場の仲間、動物に助けられる
羊担当の責任者になる
チンチラを飼う
結婚
うさぎを飼う
素晴らしい友人に出会う
仕事は順調！楽しい！
牧羊犬を飼う
２０２０年５月末
仕事を辞める

「コンパクト農ライフ塾」自己紹介シート　4

どんな農ライフを理想として描いているのか、そのビジョンを教えてください。

“動物と自然と共に暮らしながら、農業を生活に取り入れる”
生まれ育った場所での暮らしは、まさにそんな生活でした。
祖母との畑仕事は楽しくて、種や苗を植えて収穫する喜び。
それを家族やご近所さんと分け合う光景。
この当たり前は、どれだけ幸せなことだったのかと感じます。

最終的には“小さな観光牧場を作る”
暮らすように、動物と関われる空間を作るのが目標です。

小学校で羊を飼育していたときのこと。
羊の糞を堆肥にし、畑にまき、土が元気になり、作物がすくすく育ち、収穫する。
そして羊さんにありがとうって、作物や葉っぱをあげ共に分かち合う。
子供ながらに“動物と一緒に生きている”と実感したことを覚えています。

農業を取り入れ、動物と共に、お客様が笑顔になる場所。
農場、牧場、雑貨屋、カフェ
観光地というよりは、素朴なラフな感じをイメージしています。

いろいろ書きましたが、今描けているビジョンはここまでです。
後半の描き切れてない部分を、もっと鮮明にできるように学びたいと思います。

この「本質的な価値」を見出して、自らにキャッチコピーをつけるように、楽しげで一度聞いたら忘れないような自己紹介を目指そう。

〈例えば僕の場合なら…〉

こんにちは。井本喜久です。ニックネームは「いもっちゃん」と言います。僕は、インターネット農学校の校長をやってます。インターネット農学校ってのは、全国の変態的農家たちを集めて、彼らの暮らしの哲学や商売のノウハウなんかをワンコインの有料ウェブマガジンにして、全国2000人の生徒のみなさんに配信しています。変態的農家というのは「楽しくて」「カッコよくて」「健康的で」「儲かってる」四拍子がそろったプロ農家のことなんですが、彼らのことをもっと都会で働くビジネスパーソンに向けて伝えていって、1人でも多くの人に新規就農してもらえたらなと思ってやってます。今、農業はコロナ禍ですごい注目が集まっています。僕らも今だからできることをやろう！　ということで、広島県竹原市田万里町という限界集落で、農業を中心に地域再生プロジェクトもやっています。大豆・米・菜種の生産と、廃校になった小学校をリノベーションして、世界が注目する農村体験ツアーの場を創りたいと思ってます。よろしくお願いします。

これでちょうど1分くらいの自己紹介になる。もちろん、この内容が良いと言っているわけではなく、ひとつの例として。たぶん、明日読むとまた一言修正したくなったりするのだろうけど、ともかく、こんな感じの自己紹介文をスマホの中にメモをしておいて、その都度バージョンアップさせながら、自分の紹介を極めていく練習をしてみてほしい。何度も何度も練習していると、そのうち、自分の紹介だけじゃなく、他人の紹介もうまくなり、さらには相手の自己紹介を絶妙に聞き出せるようになる。そして誰とでもどんどん仲良くなり、出会いたかった！　と思うようなオモシロい人脈の連鎖が起こり始める。不思議だけど、本当にそうなる。

それはやっぱり「アウトプットすることで人間は成長する」ということの証だ。

まずはブランドを作る

商品がなくてもブランドは生き残る

新・兼業農家をやるなら、「農業を始めよう」という感覚よりも「ブランドを作ろう」という感覚でやったほうがうまくいく。と思う。**一言でいうなら「ブランドは死なない。」ということ。**

どういうことかというと、従来の農家は農作物を作って自分たちのブランド名など付けることなく、そのまま農協に卸して商売は完結していた。しかし、今は時代が変わって、農家自身が作ろうと思えば簡単に自分のブランドを作れて、そのブランド名で農作物の生産から流通・販売までを、全て自分たちで直接手掛けていくことが可能になった。

だからブランドさえしっかりと作ってしまえば、例え、自分たちだけで全ての農作物を作らなくとも、周辺の農家たちにも協力してもらって作物を仕入れ（購入）させてもらって、それを加工して自身のブランドとして販売すれば商売の可能性は広げられる。ということ。さらに、農作物を自分たちだけで作らなくなった分、時間にも余裕ができて、他の仕事もできるようになる。それも新・兼業農家ならではのスタイルだ。

新・兼業農家は、パラレルワークが基本だから、収益リスクの分散ができるのが良い。しかも周辺農家との協力体制を作ることもできるから、自分の畑は極小でもいい。もしも災害が起こって自分の畑が壊滅的にやられても、他の農家（もしくは他の地域）から作物を仕入れさせてもらって商品を作っていければ、ブランド自体は生き残る。

The CAMPusの立ち上げメンバーの1人に、石川たえこという女性がいる。彼女は大学を卒業後、大手銀行に4年半勤め、同じ銀行員の男性と結婚した直後、2015年から500日間の世界一周新婚旅行に出た。アジアや欧州、中南米など約43ヶ国を周って帰国後、フリーランスとしてさまざまな企業のメディア事業に携わっていた。

そのころ、僕と出会ってThe CAMPusの立ち上げメンバーとして参画してもらうことになった。

そして、2018年からは長野・伊那谷に夫婦で移住して、The CAMPusの編集を担当する傍ら、小さな畑を耕す暮らしを送りつつも、築100年の古民家を再生するプロジェクトを始めた。そして今年、1日1組限定の一棟貸し古民家宿「nagare」を開業。宿の隣の畑を耕しながら、「農×宿×メディア」の新・兼業農家を実践している。

彼女は、プロジェクトを手掛けるにあたり、極めて初期の段階で「nagare」というブランド名にすると決めていた。実は「nagare」というのは夫婦で世界中を旅していたとき、グアテマラで泊まった宿の名前だったらしい。その宿はとても居心地がよく、旅の中で最も長く滞在した宿でもあった。そんなエピソードにちなんで、居心地の良い宿を作ろうということで「nagare」という名称にした。これを決めると、どんどんアイデアが湧いてきた。どんな農村にある、どんなたたずまいの農家の宿で、どんな部屋で、どんな食事を出し、そのためにどんな畑で何を作るのか。全ては「nagare」というブランドをどう成立させるかに向かって動いていったわけだ。

マーケティング、ブランディングとは何か

しかしこの「ブランド」とはいったい何だろうか？　「ブランド」というのは、家畜の識別のために「焼印を押す(brand)こと」に由来する。ブランドは商品やサービスを識別するための役割ということだ。つまり世の中の不特定多数の人たち誰もが、「これはThe CAMPusが作った商品だ！」と一目見て共通認識するもの。それがブランドなのだ。

僕は、農に関する活動を始めるまでは、世の中のさまざまな企業や団体・商品・サービスなどのブランディングをプロデュースするのが生業だった。ブランディングとは、マーケティングの一種なんだが、そもそもマーケティングとは何なのか？　調べてみるとこのように書いてある。

【マーケティング】
商品を効率的に売るため、市場の調査・製造・輸送・保管・販売・宣伝などの全過

程で行われる企業活動の総称。「市場活動」「販売戦略」とも呼ばれる。

うむ。わかりにくい。

もっと簡単に言うとしたら「マーケティングとは『創って・売る』ということ」なんだ。と思う。商品やサービスが『創られてから、売れていく』までの全行程のことをマーケティングと呼ぶのだ。で、ブランディングというのも辞書で調べるとわかりにくいことが、いろいろ書いてあるのだが、簡単に言うとしたら『創って・売る』という行為を、多くの人々に「欲しい！」と思ってもらえるよう『チャーミングに魅せる』こと。

だけど、それって「どう見えるかばかりを計算する」と捉えると、まったくカッコよくない。だから「どう見られるか」というよりも、自分が「どう想うのか」という、気持ちをアウトプットすることが大切。それは会社でいうところの「理念」のこと。自分のど真ん中のメッセージ。それが結果的にその人のチャーミングさを創っていくことになるから。

ブランド作りの原点は、自分が好き、心地よい、楽しい、美しい、おいしいという感覚を誰かに伝えていきたい気持ちにある。

みんな気にする、土地／栽培方法／設備／補助金

常識をぶち壊せ

ここまでいろいろ語ってきたが、それでもなお、「いやいやいや、農業ってそんな甘いものじゃないよ」と言ってる人がいるかもしれない。僕は全てのことが「簡単だ」と言ってるのではなく、一番伝えたいのは「常識をぶち壊しましょう」なのである。もしもあなたが、いつか自然の中で農的暮らしをしてみたいと思っているのなら、凝り固まった脳みそをグラグラと揺らすことから始めたほうが良いのかもしれない（笑）。

例えば、土地の手に入れ方。

新・兼業農家をスタートさせるには、農村に暮らすための「家」と商いの源となる「農地」が必要となる。しかしこれらの土地をどうやって手に入れるのか。

たぶん、常識的に考えるなら、「田舎にある不動産屋をあたってみよう」とか、「その地域の自治体に聞いてみよう」となるのだが、僕の感覚は違う。僕なら**『まずは農村のおじい・おばあと友達になろう』**だ。地元のことは地元の人が一番知っている。その地元の人たちのところに足繁く通って、まずは農作業のお手伝いから始めたっていい。農作業を手伝いながら「僕はこれから農家になりたいと思っています」と話していたら、いつか「お前、あそこの土地は空いてるべ」という風に情報は向こうから勝手にやってくる。しかもその土地はタダで借りられることさえあるからオモシロい。そんな農村のおじい・おばあの友達を、全国のいろんな地域に5人も作ったら、自分の理想とする土地に出会うのに、そんな時間はかからないはずだ。

次に、農作物の栽培方法。

栽培方法には、慣行栽培、低農薬栽培、有機栽培、自然栽培などあるが、実際はこんな単純な分類ではなく、100人いたら100通りの栽培方法がある。品種選びから環境作りまで全ての人が違う選択をするから「これが正しい」なんて答えはない。しかし、自分のやりたい農作物の栽培方法は、いったいどうやって学べば良いのか？

常識的に考えるなら、「どこかプロの農家のところに弟子入りして、石の上にも3年。土作り・種蒔き・収穫から出荷まで、基礎からみっちり学ぶと、ようやく少しだけわかってくる」となるのだが、僕の感覚は違う。僕なら**『石の上にも3か月。プロから学ぶなら最大でも3か月で学び終えよう。あとはGoogle先生がついている』**だ。昔は確かに情報がなかった時代だから、技術を習得するには何年もかかったのかもしれないが、今の時代はあらゆる情報がインターネット上に転がっている。もちろん、それらを鵜呑みにするのではなく、参考にしながら、あとは自分で実践だ。プロの農家から学ぶべきは「なぜうまくいってるのか？」のコアにある考え方だけで十分なのだ。

次に、機材や設備への投資の仕方。

農業と一言でいっても野菜系・果樹系・畜産系・穀物系・造園系などなど、業種によって、また何をどのくらいの生産量で作りたいかによって、必要な機材や設備はまったく違ってくる。常識的に考えるなら、「後々メンテナンスの費用がかからないようシッカリした機材や設備を買うために、金融機関で数百〜数千万は借りてきたほうがいい」となるのだが、僕の感覚は違う。僕なら**『ないものは借りよう・貰おう・作り出そう。儲かってから買えばいい。中古で』**だ。たしかに農業機材・設備は、どんどん発達してきているし、どんどん便利になっていく。農業は肉体労働を伴う仕事だから、より楽チンにしたいから、機材や設備がほしーなーとなるのもわかるのだが、新・兼業農家の場合、コンパクトが基本だから、大規模農業だけが使うようなハイテク機材や設備は使わなくてもやっていけるし、あと、今の御時世、所有するより共有するほうが環境にも優しい。中古でもなんでもいいので、少ないお金で買えたり・借りられたりする機材や設備を使おう。

次に、補助金の使い方。

農業をやるなら、国や自治体がバックアップしてくれる補助金や助成金・交付金などの公的資金がいっぱいある。常識的に考えるなら、「使えるものならしっかり使ったほうがいい。いつも国のいろいろな省庁や自治体のホームページで良い補助金などをチェックして、募集してたら片っ端から申請しよう」となるのだが、僕の感覚は違う。僕なら**『補助金がなくても成り立つ事業モデルが基本。パラレルワークを組み合わせて、小さな成功を積み重ねる。お金のかからない形で』**だ。

補助金ってとても有り難いように思う人が多いのだが、それを申請して、受理されて、実際に使ってみたりすると、そこにかかる労力たるや、半端じゃないことがわかる。もちろん、その労力の部分を担ってくれる人たちがいれば、心から感謝を申し上げてお願いすべきかもだが、補助金という存在自体には「有り難い」と思うよりも、「使い難い」と思ったほうがいい。当たり前だが、それらの元は税金なわけだから、国も自治体も適当には使えないわけで、新・兼業農家をやっていくには、そういった無駄に手間のかかる申請作業などを必死にやるより、とっとと営業活動でもして、自分らしい「商い」を創り上げた方が心も身体も健全だと思う。

「自分だけの教科書」を作る

能動的に学び、発信する

前述したが、The CAMPusでやっているコンパクト農ライフ塾では、自分の考えをアウトプットすることをとても大切にしている。詳細な自己紹介シートを入塾前に作成したり、毎回の講義には必ず1分間の自己紹介が付きまとったりするのだが、実は、さらにハードなアウトプットを塾生たちに強要する（笑）。それが「わたしの教科書」である。

いわゆる小中高の学校の教科書というのは、多くが暗記型になっているから、テストのときの問題がひどい。「1582年に○○の変がありました。この○○を答えなさい」とある。もちろん生徒たちの脳みそでは、その○○に何の言葉が当てはまるかを一生懸命考えるのだが、そういう暗記脳を鍛えることをやってもあまり意味がないように思う。

生徒たちの脳みそを本質的に鍛えたいのなら、テストの問題はこんな感じがオモシロい。「日本では安土桃山時代の1582年、本能寺の変が起こりました。あなたがもしこの事変の首謀者、明智光秀だったとしたら、どのような行動をとりましたか？」みたいな感じだったらどうだろうか。

つまり、「自分らしい答えを自由に考えていいよ！」と投げかけてあげた方が、生徒たちの脳みそは遥かに活性化する。**結局「勉強」というものは、能動的であればあるほど学びが大きくなる。**と思う。

僕は、そういう考え方に基づいて、コンパクト農ライフ塾の「わたしの教科書」を作った。この教科書は、文字通り「教科書は自分で作りましょう」というのが趣旨なのだが、毎回、講義の1週間前に「空欄だらけ」の教科書が塾生に配られる。塾生は、この空欄だらけの教科書の中にある「問い」に対して、自分らしい考えをまとめて記していく。

〈わたしの教科書／コンパクト農業 野菜編〉

もしもあなたが野菜農家を始めるとしたら……

問い❶ ズバリどんな野菜農家になりたいか？　その野菜の最大の特徴は？

問い❷ 販路はどんな場所で、どんな売り方なのか？

問い❸ 作った野菜を加工品にする場合、そのイメージはどんなものか？

問い❹ 野菜農家としてプロモーションするとしたらどんな内容にするか？

問い❺ 野菜農家としての事業計画をざっくり立ててみよう。

最初のころは、わりとざっくりした問いが投げかけられているのだが、徐々に講座内容が進むにつれて、「わたしの教科書」の問いもより実践的なものにステップアップしていく。

〈わたしの教科書／革命的〝農〟流通論〉

問い❶ あなたが野菜農家として加工しないで生野菜を流通させる場合、一般的にどんな流通先が考えられますか？　できるだけ多く答えてみてください。

問い❷ あなたが右記❶の野菜農家で、自治体から「流通促進助成金」みたいなものを300万円もらうとします。どう使いますか？　直感的に答えてみてください。

問い❸ あなたがこれからエディブルフラワー専門の新規農家になるとします。家賃3万円で築40年5LDKの家と隣接する0・3haの畑（オーガニックばら栽培を2年前までしていたビニールハウス）を借りられました。銀行から借りた500万を元手にどのように事業計画しますか？　またそのとき、流通開拓の部分をどう設計するかできるだけ詳細に答えてみてください。

実践的なものを経て、今度は想像力や創造力を養う問いへとステップアップする。

〈わたしの教科書／"農"リアルテクノロジー経営〉

問い❶ 一般的に「農分野のテクノロジー」にはどんなものがありますか？　できるだけ多く列挙してみてください。

問い❷ それらのうち、コンパクト農ライフの中で活かせるテクノロジーはどれですか？　またその理由もお答えください。

問い❸ あなたが世界屈指の農分野のテクノロジーを開発できる人（技術者や経営者）だったとして、今後、どんなテクノロジーで農分野に革新を起こしたいと考えますか？

このような感じで、「わたしの教科書」を作っていくわけだが、毎回、講座を経て、その都度、もう一度、この問いに答えていくことを塾生にはおすすめしている。それは言い換えるならいわゆる予習復習みたいなことなんだけども、アウトプットしたあとは、もう一度アウトプットすることが、学びを深めるポイントだと、僕は思っている。

つまり、学びとは、誰かに与えられるものではなく、自ら発信することで得られるものなのだ。

人は、「自由に考えてもいいよ」とか「オモシロいことを考えてよ」というと、最初はなかなかできないんだけど、ずっと問いかけてると、不思議と「当事者意識」が芽生えてきて、やがて「自分はこうしたい！」という風にどんどん意思表示を明確にするようになってくる。そうすると、出てくる知恵も、入ってくる学びも、その質・量共に最高な状態が生まれてくる。

自分らしいありのままの考えを大切に、自ら教科書を作ってみよう。

農×林業
当然のように100年後を見据える。山に流れる“時間”が生んだ革新性

［Profile］

今西猛

Imanishi Takeshi

宮崎県美郷町／渡川山村商店代表
山師・食料品店オーナー・椎茸食品メーカー・カフェオーナー・コワーキングスペースオーナー

宮崎の山奥にある美郷町渡川地区にて、山を手入れし守っていく山師を兄弟で営む。大学卒業後、保育士として働く中で、「子育てをするなら自分が育った渡川の環境ほど豊かなところはない」とUターン。祖父、父のあとを継ぎ、林業の世界へ。山と街をつなげるためオンラインショップ「渡川山村商店」、コワーキングスペース「若草HUTTE」を設立。積極的な情報発信に加え、原木オーナー制度やジビエ料理プロデュースなど革新的な事業で注目される。100年後にも喜ばれる山と森を残すため日々奮闘中。原動力は妻子の笑顔。

Navigator：長友まさ美

山師が営むコワーキングスペース「若草HUTTE」が生み出す価値

宮崎市内から車で約2時間半。宮崎県の山奥に位置する美郷町渡川（どがわ）地区で、山師として活動する今西猛さん。全国的に見ても珍しい〝30代親方〟として、5人の山師を抱えながら人材育成にも励みます。また、オンラインショップ「渡川山村商店」やコワーキングスペース「若草ＨＵＴＴＥ」を営み、山と街をつなげる活動を積極的に行っています。

なぜ、山と街をつなげるのか？　それは、山も街も海も全てつながっているからです。実は、山の手入れ不足は災害を生み、豊かな森や海を破壊してしまうこともあるのです。山を守ることは、豊かな生活を守ることにつながります。だからこそ、今西さんは「山のことを山師だけで考えるのではなく、街に住む人をはじめ多様な人たちと一緒に考え、行動したい」と願っています。

山師の仕事は、おじいちゃんの世代が植えた木を切って生業にするもの。そして今、植樹した木は、孫の時代に受け継がれるという3世代に渡るお仕事です。そんな今西さんは当たり前に100年先の未来を想像しています。脈々と受け継いできた先代の叡智を、私たちの世代はどのように残していけるのか？「持続可能な地域」とは、いったいどんな地域なのでしょうか？

まず着目するのは、今西さんが兄の正さんと営むコワーキングスペース、「若草HUTTE」。「HUTTE（ヒュッテ）」とは、山小屋という意味です。2017年8月11日、山の日に宮崎市内に誕生した若草HUTTEは、テープカットならぬ、丸太カットを行って話題となりました。

2016年から構想がスタートした若草HUTTEは、かつて若者たちがたくさん集まるファッションビルだった3階建の建物を再生しました。資金の一部はクラウドファンディングを活用し、78万3000円の資金と98人の仲間が集まりました。賛同してくれた人たちは、場作りのアイデア出しや、オープンまでのセルフリノベーションを手伝うなど、一緒に汗を流す仲間となって共に準備を進めてきました。

「山のことを山の人たちだけで考えるのではなく、多様な人たちと一緒に知恵を出し合いたい。そして、欲しい未来のために、今、何ができるのかを考えて、一緒に行動し始めたい」

そんな想いが、「山と街をつなぐ」ための場となる若草ＨＵＴＴＥの誕生につながります。随所に、「山と街がつながるシカケ」がありました。

シカケ❶ ここでしか買えない「新鮮な野菜」

若草ＨＵＴＴＥでは、渡川をはじめ、宮崎の新鮮な野菜を販売しています。原木の生椎茸は、菌床栽培とはまったく異なり、肉厚で香りが高く豊かです。原木椎茸は採ったあとすぐに鮮度が落ちていきますが、ここで売られているのは、その日採れた生椎茸。スーパーでは見かけるのが難しいほど、みずみずしくて綺麗です。山間部の小規模農家だからこそできる無農薬栽培の野菜をめがけて、街の人たちが訪れます。

また、一人暮らしで野菜不足を感じる若者から人気が高いのが、１日の野菜摂取量を摂れるという『フレッシュサラダサンド』。野菜がたっぷりと挟まれた断面も美しく、ついつい写真を撮りたくなります。ＳＮＳにあがる写真を見て訪れるお客様も多く、口コミでじわじわと広がっています。他にも、渡川のおばあちゃんたちが作る加工品などもあり、新しくもどこか懐かしい味が並びます。

「うちの野菜もぜひ使って、と声をかけられることが増えました。生産者が喜ぶ姿を見ることが嬉しい」と話す今西さん。顔が見えるつながりだからこそ、自信をもっておすすめすることができます。

シカケ❷ 街中で買えるようになった「名店の逸品」

秋だけの期間限定で販売する美郷町の「はな恵」の栗きんとんといったら、根強いファンも多い逸品です。以前は、宮崎市内にも期間限定のお店を出店していたのですが、人手不足で惜しまれながらも閉店しました。その栗きんとんがＨＵＴＴＥで買えるようになり、多くのファンの方が喜んで買いに来ています。他にも、ピザとジェラートが有名な美郷町の「Ｏｔｔｏ－Ｏｔｔｏ」のジェラートもいただくことができます。

街の人たちは、なかなか行けない地域の逸品を手にすることができる。渡川の人たちは、たくさんの人たちに届けることができる。どちらからも喜ばれています。

「渡川のある美郷町という小さな地域を、宮崎市内の人でもまだ知らない、訪れたことがない人も少なくありません。ここをきっかけに、渡川に行ってみたいと言ってくれたり、実際に来てくれてファンになったりした方も。三方良しを続けていきたい」

こうして渡川町の魅力を伝えていると、町からもイベントや企画の相談がやってくるようになったそうです。行政主導の進め方ではなく、民間が頑張っていることをサポートする形で連携が生まれています。

2階のイベントスペース、3階のコワーキングスペースは、日本に15拠点のネットワークをもつ「co–ba」と連携しているため、会員さんの相互利用ができます。さまざまな企画をすることで、県外からのゲストも多く訪れる場所になっています。

「ここにくると、何か面白いことがある」と感じて、ふらりと立ち寄る人たちが増えています。また、元保育士でもある今西さんの強い想いもあって、子供連れのお客様にも嬉しいスペースも。オムツ交換や授乳ができる個室の部屋や、木のおもちゃがあり、喜ばれています。ビジネスパーソン、主婦、県外の方、行政の方など多様な人たちが集まるからこそ、新しい出会いや触発が生まれているのです。

「価値が価値を生むプラスの連鎖を作りだすことで、自分たちの生まれ育った渡川という集落を、子供たちの笑顔が絶えない、持続可能な地域にしていきたい」と話す今西さん。

長期間にわたる壮大な計画ゆえ、たくさんの困難もあったと思います。それでもやり続けられる理由を伺うと、「やっぱり、子供たちかな」と笑顔で即答されました。言葉にしたことを確実に形にしていく今西さんだからこそ、チャレンジを応援する仲間が増え続けているのです。これからも今西兄弟の挑戦は、続きます。

無理をしない。
自然の恵みの恩恵をいただく仕組み作りを

今西猛さんは、山師の仕事の傍ら、原木椎茸や渡川産の天日干し米をネットショッ

プ「渡川山村商店」で販売しています。この渡川山村商店では、自然の恩恵をいただく私たちが、「自然に無理をさせない仕組み」が作られています。これは、今西さんが感じる違和感と向き合い、考えだしたアイデアばかりです。

アイデア1 収穫するまでに時間がかかる。だから「原木しいたけオーナー制度」

今西さんが販売している原木椎茸と菌床椎茸を食べ比べてみると、肉厚さ、味の旨味、香りがまったく違って、こんなにも椎茸がおいしいものかと衝撃をうけました。

今、日本で流通している「日本産の木から生えた生椎茸」は、たった1割しかありません(平成25年農林水産省統計調べ)。私たちが口にしている椎茸の多くは、中国産、またはおがくずから作られる日本産菌床椎茸で作られているのです。

昔ながらの原木椎茸は、クヌギの木を伐採し、葉枯らしを行うところからスタートします。その木を1mほどに切り分けて、種菌を植え付け、山の中で寝かせます。実際に、原木椎茸が生えて商品にできるのには約2年かかります。当然、それまでは投資し続けるしかありません。そのため、新たに原木椎茸を作り始めるにはハードルが高く、一度、原木椎茸を作るのを辞めてしまうと復活させることが難しいのです。

そこで今西さんが考案したのが、「原木しいたけオーナー制度」。年間5000円でオーナーになると、旬の時期に生椎茸と乾燥椎茸が送られてきます。それだけでなく、椎茸の駒打ち体験や採れたての椎茸をその場で味わえる椎茸炭火焼など、今西さんが企画するイベントに参加できる権利も。

「菌を植えてから収穫できるまでの2年間、一切、収入がありません。だから新規参入がしにくく、生産者の高齢化に伴って、原木椎茸を作る人は年々減っていっています。そこで、クラウドファンディングのような考え方を取り入れて、原木しいたけオーナー制度を作りました」と話す今西さん。

原木オーナーが集まるFacebookのグループには、原木椎茸が届いた喜びやレシピ、イベントから生まれた参加者同士のつながりが生まれ、確実に渡川のファンが増えています。

アイデア❷ いつ採れるかわからない。だから「採れたときでいいよ」システム

原木椎茸は採ってからすぐに鮮度が落ちていきます。これまで一番おいしい原木椎茸を口にするのは、生産者の特権のようなものでした。まとめて出荷することが難し

いので、市場にはなかなか生では出回らない原木椎茸。その本当のおいしさを知ってほしい、と今西さんが考案したのが、「採れたときでいいよ」システムです。

事前に注文を受け、原木椎茸が採れたときに送るという仕組みです。いつ送られてくるかわからない反面、もっともおいしい状態、時期のときに自宅に届きます。「納期はありません（笑）。自然の時間、自然の力に任せて、消費者であるお客様には、私たちを信頼してもらって気長に待っていただいています」と笑う今西さん。

そもそも自然の恵みである農作物が、いつの季節も、同じ形のものがスーパーに並ぶことのほうが不自然なこと。自然の恵みを、もっともおいしい状態で消費者に届けることを考えたときに、生まれたシステムでした。実際に、この「採れたときでいいよ」システムで購入した方は、ほぼリピーターになることが、おいしいことのあらわれ。旬の食べ物は、驚くほどおいしいのです。

今西さんの活動は多岐にわたります。山師、渡川山村商店の運営、コワーキングスペース「ca-ba」や飲食店「HUTTE」の運営。そして、美郷町のジビエPR促進事業まで。全ては、一貫して「渡川を100年後も持続させる」ため。

そのためには、自分一人でできることには限りがあります。だからこそ、今西さんはあらゆる業種、セクターの人と手を取り合い、一丸となって取り組みます。

『鹿肉エベレスト丼』もその一つ。獣害に悩まされている地域の人たちや行政と共に、「鹿肉をおいしく食べてもらえるには？」と開発した丼は、２０１６年市町村対抗グルメコンテストで準グランプリをとりました。

今西さんが運営するＨＵＴＴＥでは、その鹿肉エベレスト丼をはじめ、鹿肉のハンバーガーなども提供していて、これまで鹿肉に馴染みのなかった世代にも幅広く支持されています。

これら革新的なサービスや取り組みは、「自然に無理をさせたくない」「消費者に喜んでもらいたい」「渡川を１００年後も持続させたい」という思いから生まれたものです。だからこそコアなファンが集まり、山と街がつながる仕組みが生まれています。

仕組みそのものを真似するというよりは、自分たちの本当に大事にしたいことを追求していった先に、新たなビジネスモデルが生まれるのだと今西さんの姿から学ぶことができました。

【Author's Point】

僕がこれまで訪れた限界集落の中でもっとも美しく、もっとも感動させられたのが宮崎の渡川。宮崎の山奥にありながらここ数年で30代を中心にUターン人口が一気に増え、小さい子供たちがいっぱいいる村だった。人口は、360人ほどで、そのうち100人が40歳以下。若者&子供の率がとても高い。宮崎市内から車で2時間半ほども進む山奥の村なのに、なぜ？　と思いながら、僕は渡川で初めて、山師・今西猛くんに出会った。

彼に出会ってわかったのは「家族や仲間を大切に想う心がいつも全面に出ている」ということ。それを象徴するのが、彼らが手掛けた「渡川物語」というYouTube動画だった。中身は、村人たちの普段の何気ない姿と音楽だけ。その動画の中で、彼らが一番メッセージしたかったのは「渡川がいかに素晴らしい村であるか」ということだったんだけど、それは、村の外の人に対してではなく、かつて村で暮らしていた村出身の若者たちに対してだった。結果、ブーメランのように、若者たちが戻ってきて、林業や農業、村おこしに取り組んでいる。

そして、僕が村を訪れたときに、村民の集会が開催されるというので参加させてもらったのだが、そこで話されていた内容に衝撃を受けた。上は90歳のお年寄りから下は16歳の若者までが集まって「50年後の渡川をどうするか」を話していた。林業というのは、自分たちが植えたものが、50年以上経ってやっと商売になる。林業が未だに生きている村だからこそその集会はとても多くのことを学ばせてくれた。

限界集落「渡川」の可能性を最大化して広く全国へ発信する男、山師の今西猛くん。彼らの活動に、今後も目が離せない。

第5章

「農」が持続可能な社会を作る

Chapter 5

Farming creates a sustainable society

都市と農村の良い関係を作る

農村に眠っている価値を引き出す

僕の生まれた1970年代は、高度経済成長時代と言われ、時の総理大臣「田中角栄」が日本列島改造論みたいなものを打ち出して「農村だって都市化するぞ」なんて雰囲気さえあった。全国には新幹線が開通し、高速道路が張り巡らされ、そこからバブル経済の時代に突入するも僅か数年で崩壊。情報化社会の波がやってきた。

僕はそのころ、高校生だった。都会に暮らすのに憧れて大学の試験を受けに東京へ初めて来たときのこと。渋谷駅から出て明治通りを歩き始めてすぐに、頭上のビルからビルへと電車（銀座線）が入っていくのを見て、「あー未来に来ちゃった!」と思ってしまった（笑）。そんな田舎もんだから、大学に入って東京で生きていくことになったら、スポンジのようにいろいろなことを吸収して、あっという間に都会人に変身して、楽しい仲間たちが急激に増えていった。ろくに大学にも行かず遊び呆けていた僕は、そのままバイト先の広告会社に入って毎日徹夜三昧で働きながらも、妻と運命の出会いを果たし結婚。それと同時に独立もして。ともかくやりたい放題だった。

時を経て妻が病気になったことを機に、農のことに目覚め、全国のたくさんの農村に通うことになった。それまで僕の農村での記憶といえば、小学校に入る前くらいのものが鮮明に残っていた。地方公務員をやりながら兼業農家だった父親に、真夏だろうと真冬だろうと週末になると農作業へと駆り出される、なんとも辛い記憶である(笑)。しかし、そのころはまだ祖父と祖母が健在で、納屋には牛もいて、祖父が地べたに座って草鞋(わらじ)をよく編んでいた。祖母は蔵の隣にある小屋に溜めた薪を使って風呂を沸かし、竈でご飯を炊いてくれた。みんなで囲む食卓には素朴だけどおいしい田舎料理が並ぶ。今思うと何とも贅沢な時間だった。

僕は今、都市と農村の両方を行き来しながら暮らし、商いをしている。**両方に暮らして感じるのは、都市と農村の関係性は「対(つい)」だということ。**どちらもめちゃくちゃオモシロい。

都市というのは「人類が想像した未来」。たくさんの人々が暮らし、最新のテクノロジーによって新しいものが次々と生み出され、コンクリートジャングルとして新陳代謝を繰り返している。毎日が実験的で極めてエキサイティングだ。ともかく都市の財産は、クリエイティブな人間たちがとてつもない数、集まっていることなんだと思う。

僕が都市に教えてもらったのは、そういう「クリエイティブな人と人との出会いで掛け算が起こり、全てが変わっていく」ということ。都市に生きていると、例えば、昼間に仲間たちとガッチリ仕事をして、その夜はまた別のコミュニティの仲間と晩飯に行き、さらに深夜はまた別のコミュニティの仲間のパーティに参加、みたいな流れが普通にある。そんなたくさんの人との接点は自分の脳みそを刺激し、数々のアイデアが生まれてくる状態になる。そして、また新たな出会いで、そのアイデアが実現可能な状態になってくる。特に歳を重ねてくると、周りの仲間もぼちぼちの実力者になっていて、酒の席で「一緒にやろうぜ」と話したビッグプロジェクトが、翌日には現実に動き始めて形になっていったりする。

対して農村は「人類が記憶する自然」。豊かな山や森や川や海があり、インスタ映えとかを超越した、毎日移り変わる美しき風景が広がる。季節ごとに採れるおいしい食材が頼んでもいないのに近所から集まり、いつもと変わらない面々で集える。農村の財産は、人間が忘れてはいけない「自然との調和」の大切さを気づかせてくれることなんだと思う。

僕が農村に教えてもらったのは、「便利さと豊かさは比例しない。真の心の豊かさは自然の中にある」ということ。 人間は不便なものを目の当たりにすると、それを改善してもっと便利にしようとする。だから人類は都市のようなものを創り出せたわけなんだけど、そういうテクノロジーの進化はオモシロいことに、「不便なことこそ豊かである」ということにスポットライトを当ててくれた。人類の進化の原点は「火」や「刃物」を使えるようになったことにある。一方現代社会では、「火」や「刃物」の使い方を知らない子供たちが当たり前にいる。だけど人々は本能的に「忘れちゃいけない大切なこと」を理解しているからこそ、今のアウトドアブームやキャンプブームのようなものが起こっているんじゃないだろうか。

都市に生きるクリエイティブな知恵を持つ人たちが、どんどん農村に入っていって、農村が農村らしく豊かなまま機能していく活動をどんどんやっていけば、農村にある素晴らしい価値観を都市に還元できて、また都市の新たな世代の知恵を刺激する。**つまり、少子高齢化にあえぐ農村の新たな担い手は、潜在的に、都市にいるということ。**

さあ、都市に生きるビジネスパーソンよ、農村へ行こう。そして、コンパクト農ライフで人生をオモシロくデザインしようよ。持続可能な社会を次世代につなぐために。

SDGsにならう
2030耕作放棄地ゼロ運動

耕作放棄地は「広大な宝の山」

今、世界的にSDGsへの取り組みが、さらに加速してきている。毎日、あらゆるメディアでSDGsに関するニュースを見ない日がないほどだ。

このSDGsとは、2015年9月の国連サミットで採択された「Sustainable Development Goals＝持続可能な開発目標」のこと。2030年までに持続可能でよりよい世界を目指す国際目標として、世界各国の政府や自治体・団体・企業・個人などによってさまざまな活動が展開されている。そして、この目標の中にある17項目のうち「飢餓撲滅、健康と福祉、教育、エネルギー、働きがい、作る責任つかう責任、気候変動対策、陸の豊かさ、海の豊かさ」など、半分以上の項目にとって、「農業」が有効な解決策になりうると言われている。

このことを踏まえ、The CAMPusも2030年までにある目標を掲げた。それは「全国に広がる耕作放棄地をゼロにする」ということ。

日本の耕作放棄地は2017年時点で約38万ha存在する。これは東京ドームでいうと約8万個分であり、埼玉県と同じくらいの面積である。もともと国土の7割が森林で覆われる日本には、農地面積自体が少ない。その中の38万haというのは、とてつもなく大きな面積であるといえる。この、増え続ける耕作放棄地の多くは地の利の悪い小さな田畑がほとんどなのだが、逆の発想をするなら、小さくとも収益性の見込める農業をこれらの土地で展開できたら、広大な面積の宝の地が存在することになる。これは、言うなれば陸地なのにブルーオーシャン（笑）である。

時代は「小さい農業」を求めている

コロナ禍で世界中の人々の意識は明らかに変わった。暮らしの中で、あらゆる無駄を省くことや、物より心の豊かさを大切にすること、快適さよりも健康さを優先することなど、何が人生にとって本当に大切なことなのか？　その価値観は激変しつつある。これはまさにパラダイム・シフトである。これを農業に当てはめて考えると、ハイテク化や大規模化による「大量生産・大量消費型」の生産・流通・小売の形態に疑問の声が年々増してきていることなども、容易に理解することができる。つまり、時代は「小さい農業」を求めているのである。

今こそチャンスだ。自分らしいコンパクト農ライフをデザインし、農村へ出向いて耕作放棄地を見つけ、仲間と共に耕そう。そして新・兼業農家になろう。

全国にある38万haもの耕作放棄地を0にするには、例えば1戸あたりの農家の農地サイズは全国平均が約2・5ha（約25000㎡＝約7600坪）だから、これで耕していったとしたら、少なくとも15万戸の農家の誕生が必要ということになる。

つまりこれは激減し続ける農業人口（現在168万人）をV字回復で増やすことであり、一見すると、到底無理だと思われる数字かもしれないが、2020年のフランスでの「就農希望者20万人殺到」の現象を考えると、やり方によっては決して無理じゃない数値なのではないだろうか。

僕が、「The CAMPusでの活動を通じて一番実現させたいのは、「世界を『農』でオモシロくする」ということ。これはそのまま会社の理念にもなっていて、どんなプロジェクトをやっていくにしても、真ん中に置いていることなのだ。人の心というのは、「オモシロい」と思うから動くというのが基本だと思う。生きてりゃいろいろあるけども、前向いて行こう。

「おもしろき こともなき世を おもしろく」高杉晋作

コンパクトなJAを作る

やがて「なつかしい未来」へ

僕は「なつかしい未来」という言葉が好きだ。

これは僕が社会課題への取り組みに興味を抱いた30代前半のころのこと、正月に実家でテレビ番組（NHKの番組だったが番組名はまったく覚えてない）を観ていた。「地方活性化」がテーマの内容で、日本政策金融公庫の地方担当の人が出演していて、彼は高知県で「木質ペレットを次世代エネルギーにして、林業再生と地域のエネルギーインフラを確立するプロジェクト」を手掛けた事例を紹介していた。そして彼が番組の最後に司会者からメッセージを求められて答えたのが「私は、これからの時代、自然環境の保全がもっと大事になってきて、やがて、なつかしい未来の風景がいろんな地域に広がってくれることを願っています」みたいなことだった。僕はこれを聞いたとき、頭をハンマーで殴られたかのような衝撃を受けた。その日から、しばらく「なつかしい未来」という言葉が頭から離れなかった。

時を経て、僕は、The CAMPusを立ち上げることになって、全国の変態的な農家たちを訪ねて歩いていたとき、奈良で農家レストランを営む、三浦雅之さんと奥さんの陽子さんに出会った。彼らは、2002年に大和伝統野菜がおいしく食べられるレストラン「清澄の里 粟（あわ）」をオープン。農をゼロから学び抜き、試行錯誤しながら創りあげた愛情あふれる料理が話題となって、ミシュランで一つ星を獲得。その後も、食をキッカケに、奈良の地域文化継承のためのさまざまな活動を行っていた。僕は、三浦夫妻のお話を伺わせてもらい、彼らの活動のルーツが「福祉の事業を本質的に改善したい」という思いにあったと聞き、その美意識のあり方が、なぜ慈愛に満ちているのかがわかって感動した。そんな二人が書いた本『家族野菜を未来につなぐ』（学芸出版社）を、彼らと出会った翌日に読んだのだが、この本の締めくくりに「なつかしい未来を作りたい」というメッセージがあって、さらに感動した。

「なつかしい未来」というのは、時代が移り変わっても、地域を都市化していくのではなく、逆に自然豊かな昔ながらの農村風景に戻していくことを言い表している言葉なのだ。奈良で伝統野菜を未来へつなぐ、ということをずっとやってきた三浦夫妻だからこそ、このメッセージがぴったりくる。なるほど、彼らのやっている農家レストランは、畑や自然に囲まれた農村風景に完全に溶け込んでいて、お店で出す料理に使う野菜のほとんどを、自分たちが作る2反の小さな畑からまかなっている。さらに足りない野菜は、周辺の農家たちの畑でも生産をお願いし、地域との協力体制もミニマムに構築している。

目指すは「新・兼業農家」大国

僕は、この彼らの志とやっていることの内容・仕組みなどを見て、「僕がこれから未来に作っていきたいのは、これだ！」と思った。

小さな農家の集合体を地域でしっかりと機能させていく。

例えば、三浦さんたちのような「農 × 飲食事業 × 文化継承活動」などを展開する新・兼業農家の人たちと、その周辺の人たちもそれぞれに「農」に絡めた複合的事業を展開する新・兼業農家で、彼らが共鳴して、地域の未来をオモシロくデザインしていく。そういった状況を創り出していきたい。と思う。それは言うなれば、日本が古来より伝統的に行ってきた小規模農業のスタイルなのだ。それをＩＴなどを駆使しながら現代版にアレンジし直すイメージ。

目指すは「新・兼業農家」大国。

耕作放棄地を活かして農業（＝商い）をシッカリと成り立たせていて、しかも暮らしのスタイルが素敵な農家たち（新・兼業農家）を、数多く誕生させて、ムーブメントを起こしていく。そして、小さくても質実剛健な農家のコミュニティを形成することで、彼ら同士の本質的な相互発展を生み出す状態が生まれる。それをThe CAMPusがサポートする。

The CAMPusには、プロ農家との良質なネットワークがあるから、それを活かして、スクーリング、トレーニング、サポートという３つのプログラムでやっていこうとしている。

スクーリングプログラムは学校で、今やってるThe CAMPusの有料ウェブマガジンと、コンパクト農ライフ塾。トレーニングプログラムは、コンパクト農ライフ塾の卒業生を対象とした個別コンサルティング。サポートプログラムは、個別コンサル後に就農（独立・起業）した人たちの事業に対して、技術、機材、流通、人材、資金などを**必要最小限**に支援するサービス。この「必要最小限」というのがポイント。ただやみくもにサポートするのではなくて、就農（独立・起業）した人たちが、自分たち自身の手でしっかり商売をまわしていけるようサポートしていくという意味。

それはまさにコンパクトで新しい価値観のＪＡである。小さくても質実剛健なＪＡ。といっても農協という意味のＪＡではなく、JUST ADVENTUREというコンセプトの頭文字としたい（笑）。ここから始まるJUST ADVENTURE。一緒に「なつかしい未来」を切り拓こう。

農×パーマカルチャー 自然にも人間にもやさしい暮らしの“仕組み”を作る

［Profile］

四井真治

Yotsui Shinji

山梨県北杜市／ソイルデザイン代表
パーマカルチャーデザイナー・土壌管理コンサルタント・農的暮らし実践者

信州大学農学部森林科学科にて農学研究科修士課程修了。緑化会社にて営業・研究職、長野での農業経営、有機肥料会社勤務を経て2001年独立。土壌管理コンサルタント、パーマカルチャーデザインを主としたソイルデザインを立ち上げ、愛知万博のガーデンデザイン等に携わる。 企業の技術顧問やNPO法人講師を務め、2007年に山梨へ移住。八ヶ岳南麓の雑木林にあった一軒家を開墾・増改築し、“人が暮らすことで自然環境がより豊かになる” デザインを実践。日本文化を継承する暮らしの仕組みを提案し、国内外で活動。

Navigator：西林幸恵

〝仕組み〟を活かした未来の暮らし「パーマカルチャーライフ」って？

自然の仕組みにかなった「パーマカルチャーライフ」をデザインする四井真治さん。四井さんは、南アルプスの麓、名水の里日本一で知られる山梨県北杜市の豊かな森を開墾し、４人の家族と多様な動植物たちと共生する暮らしを送っています。

パーマカルチャーとは、エコロジカルデザイン（環境に配慮したデザイン）の用語で、「パーマネント（永続性）」と「農業（アグリカルチャー）」「文化（カルチャー）」を組み合わせた言葉です。「永続可能な農業をもとに、永続可能な文化、すなわち人と自然が共に豊かになるような関係を築いていくためのデザイン手法」を指します。１９７０年代にオーストラリアの研究者ビル・モリソンとデビット・ホルムグレンが構築したものです。例えば、その土地で育つ作物を食べ、その食べかすや排泄物を利用して土を豊かにし、雨水や生活排水を再利用して作物を育てる……など、自然本来がもつ循環の仕組みを活かすことで、多様な動植物と人間が調和した、持続可能な暮らしを構築していきます。

「ひとつの家庭が〝小さな地球のように巡る仕組み〟を作るのが理想です。まずは地球の仕組みにならって自分の周りから変えていくことが、未来の暮らしや文化の提案につながります。自然の中には、小さな仕組みを大きくスケールアップしたり逆にスケールダウンしたりと、普遍的な仕組みがあります。家庭サイズの仕組みがつながっていけば、大きな仕組みへとなっていき、自然と共生する世の中になります」と語る四井さん。

四井さんがパーマカルチャーライフを実践している敷地に足を踏み入れると、理屈抜きにただそこにいるだけで、心身が癒され、思考やマインドもみるみるうちにすっきりとクリアになっていくのがわかります。

生物がこの世界に誕生して38億年。人類の歴史はたったの200万年。それまでの生態系が培ってきたリズムやシステムの延長線上に人間の暮らしがあれば安定するはずです。しかし、人間はその延長線上に乗ろうとせず、むしろ地球を破壊する道へと向かってきました。

しかし四井さんは、今、このタイミングで人間が価値観や暮らし方・社会の仕組みを変えていけたら、まだまだ環境を豊かにできる可能性があると力説します。

私たちは最近〝消費経済〟を否定する傾向にありますが、実は自然界の中では、太陽エネルギーの恵みを得てものを作りだし、それを一生懸命消費することで、地球の営みが循環するシステムになっています。

「人間も発想の転換をしながら、自然の仕組みにそって社会や暮らしの仕組みを変えていけば、消費するほど、良い環境になるはず」というのが四井さんが自らのパーマカルチャーライフから辿りついた哲学です。

敷地内にはその説に「なるほど！」とうなずく工夫が至るところに散りばめられています。例えば、バイオジオフィルター（自然浄化システム）。家庭の生活排水を浄化システムを通してビオトープ[※1]や畑に流し込むことで、ビオトープ近辺ではワサ

[※1] ビオトープ：生物学の用語。生物群集が生息する空間のこと。

ビやクレソンが育ち、微生物と共に周辺環境を浄化しています。

また、家族や動物の排泄物を堆肥にして土に蒔くことで、土壌が豊かになり、その土壌から栄養たっぷりの作物が実り、再び食になり身体に入り循環していきます。人間がそこに生活するからこそ、新たな生命が生まれ、自然がより豊かになるのです。

「この仕組みを暮らしの中で具現化するためには、まずは〝いのちの仕組み〟を理解してほしいと思っています。〝いのち〟というのは持続する仕組み、〝生命〟というのは文字通り生きているいのちという仕組みで、〝いのち〟は〝生命〟とは別のものだと思うんです」

なんだか禅問答のような深い世界の話となってきましたが、いのちの仕組みは会社組織のあり方、地方や国のあり方、家族のあり方、あらゆるところに当てはまるそうです。例えば、地域活性は、各地の集落が〝いのちの仕組み〟に当てはまっているかどうかで、そのコミュニティデザインがうまくいくのかどうかを判定することや改善することができると言います。

このようにいのちの仕組みを理解すると、個々の暮らしが変わり、組織・地域社会・地球……全てが向かう理想的な仕組みのあり方がおのずと見えてくるそうです。

そんな四井さんが伝えていきたいパーマカルチャーライフは、教科書通りではなく、ひとつの概念や型にはまったものでもありません。人間一人ひとり異なる生まれ持った個性や素質があるように、その人の中の深いところにある種から育てた暮らしも100人100通りになるはず。その人にしか表現できないことがあり、全ての人が己の暮らしのクリエーターなのです。

学び実践しながらトライ＆エラーを繰り返し気づきを重ね、その人にしか成しえないパーマカルチャーライフを創造していくことが大事だと四井さんは考えます。

仕組みをなぞるだけのパーマカルチャーでは、〝生み出す力〟が衰える

四井さんはなぜ、今の生き方や思想哲学にいきついたのでしょうか？

四井さんは学校の勉強には興味がなく、むしろ工作や園芸など「暮らし」につながることが大好きな子供だったそうです。

「僕が今のような暮らしにいきついたのは、子供のころから『本当の豊かさや幸せとはなんだろう？』と問い続けてきたからだと思っています。なんで日本人なのに中途半端な洋風の家に住み、西洋スタイルに憧れ、それらを不自然に取り入れるのだろう？　なんで学校教育と生活は連動しておらず、生きるための知恵を学ぶよりもテストの点数の方が大事なのだろう？　と、常に違和感を覚え疑問を持ち続けていまし

た」

このように子供時代から「もっと豊かな生き方ってなんだろう？」と思いを馳せていたため、その姿勢がのちに〝自身が創りたい暮らし〟のビジョンを描くことへとつながっていきました。

「昔は全ての人が〝生きること〟に目的が集中していたと思います。現代は社会の仕組みが便利になりすぎてしまって、〝生きること〟に集中しなくても良い時代になり、価値が分散してしまったんです。その結果、教育も社会も地球環境も悪くなってしまったのでないかと思っています」

学校教育では生きる力を養うよりもテストの点数が大事になり、会社では目的やビジョンを忘れてただ利益を追求し、国や法律も本来の目的や理由からかけ離れてしまう……。社会の全てが本末転倒な時代になり、その結果、地球環境もおかしくなってしまっているのです。

しかし、社会の目標が〝生きること〟に定まり、環境や教育について真剣に取り組むようになれば、文明社会は持続可能になるのだと四井さんは考えます。

通常、パーマカルチャーとは〝自然の仕組みを観察し応用した循環的な暮らし〟や〝人間にとって恒久的持続可能な環境を作り出すためのデザイン体系〟などと総称されますが、「どうしたら文明は持続していけるのだろうか？」と考え続けてきた四井さんにとっては、それだけではないそうです。

「これまでのパーマカルチャリストというのは、適正技術[※2]的なところがありました。自然の仕組みを応用したさまざまな技術を、パズルのピースを組み合わせるようにつながりを作るという〝テクニック〟のことです。でも、その仕組みをただ真似するだけでは、再現はできても思考レベルで止まり、独自の創造レベルにはつながりません。それだけでは自ら何かを生み出すことができず、やがて生きる力がなくなり、文明の衰えにつながっていくのだと思います」

人間は本来ゼロから何かを生み出す能力を持っています。しかし、その能力を活かさず、単に何かをなぞって生きることは、持続的でないし、自然の循環の中にいなが

[※2] 適正技術：（その技術を導入する現場における）環境・経済・社会・文化などのさまざまな条件にマッチした技術のこと。

らも影響を及ぼすことを自ら放棄してしまっていることになります。四井さんはただ単に〝パーマカルチャー〟をそのまま実践することだけには留まらず、実践の中から生まれる自身の深いところからの気づきや生み出された世界観を、その生き方を通して表現しています。

「文化の継承なしには本来の持続可能な暮らしはありえません」

文化というものは、倣い継承していくもの。文明と文化は相反するものに聞こえますが、文明は文化の延長線上になければ、持続可能にはなりません。学生時代からエコロジーをつきつめていく過程で、「文化の継承」という大切なヒントに辿りついた四井さん。文化というものは風土の中から時間をかけて生み出していくもので、その背景には人間の綿々とした継承があると語ります。

「日本では、江戸時代後期あたりにはほぼ100%の一般庶民がバイオマスエネルギーで生活するような豊かな文化が確立されていました。それらの綿々と伝承された文化にインスパイアされた外国人が、このような仕組みに『パーマカルチャー』と名付けたのだと思います。パーマカルチャーの創始者でもあるビル・モリソンもそのひとりです」

ビル・モリソンは、日本の自然農法の提唱者である福岡正信にも影響を受けたと言われています。

しかし、日本に生まれた持続的な文化は、日本人にとって当たり前で空気のような存在となったため、重きを置かれなくなり、海外に憧れ、日本の文化にコンプレックスを持つ人も現れるようになってきました。「日本人が日本独自の文化を生み出し続けることができない状況が目の前に来ている」と四井さん。

例えば、エコバックを持ったりエコカーを使用したりすることは省エネにはなりますが、持続的なことではありません。これは、日本本来の伝承文化を分断し、ただ今の現状だけをみているだけと言えます。

本来、人間が持っている生きる能力や伝承された豊かな文化を失いつつある日本人。

そんな時代の節目にいるからこそ私たちはどのような目的意識を持ち、何を大切にしていくべきなのか？　大いなる自然の流れの一部、人類の長い歴史の一コマを担う立場として永続的な暮らしを継承し、クリエーションしながら、進化した文明を築き、未来へとつないでいくことができるのか？　四井さんのように、「本当の豊かさ、その価値観とは何か？」そんな疑問を常に自身に問いかけ、考え、実践行動を継続していくことが、〝いのち〟を中心とする本質的で豊かな暮らしの創造につながるのでしょう。

【Author's Point】

僕にとってパーマカルチャーという概念が最も身近なものになったのは、四井さんと出会ってから。共通の仲間が紹介してくれて山梨県北杜市にある四井さんの自宅に遊びに行かせてもらったのがキッカケだった。

彼の言葉で忘れられないのが「僕は家にいる時間が一番好きなんだ。どんな人気のレジャースポットに出かけるよりも、家で家族と過ごしている日常の暮らしの方が遥かに大きな豊かさを感じさせてくれるんだ」ということ。

その言葉通り、彼の自宅は日常にある「暮らし」のオモシロさを何十倍にもしてくれる場所だった。敷地面積は0・3ha。その半分が畑になっていて、そこで栽培する野菜を中心に自給自足しながら、太陽の光や雨水などを有効利用して生活し、その中で出た排水はミミズや微生物たちによるバイオジオフィルターを通してビオトープ（透明な水の池）へと注がれ、その他、排泄物や有機物は全てコンポストで堆肥化される。暮らしの中で必要となる道具のほとんどは専用の作業小屋でDIYから生み出す。

しかし、彼は農家ではない。生業は「パーマカルチャーデザイナー」つまり、循環型の暮らしの中にあるあらゆる知恵を、都市開発や施設開発、農業、企業研修などに活かすためのコンサルティングなどである。その他に、雑誌の連載や講演など、活動範囲は多岐にわたる。コロナ禍によってパラダイムシフトが起きている今だからこそ「人間が暮らすことで自然環境に良い流れを作る。これは実現可能なことなんだ」というメッセージを発信する四井さんの存在は貴重だと思う。

彼のような、農的な「暮らし」を真ん中に置きながら、パラレルワークで全国を飛び回って「商い」を営む姿は、まさに最強の新・兼業農家だと言える。

巻末特典

新規就農Q&A
——農家を始めたい人の素朴な疑問——

Q1 「事業計画書」は必要ですか？

農業においては「営農計画書」を作るのが一般的。

- ●農業労働力（誰がやるか？ 人数・経験年数など）
- ●農地面積
- ●経営規模計画
- ●土地の選定理由
- ●年間作付計画

- 年間収支計画
- 生産物の処理方法（出荷先など）
- 農機具・作業場などの獲得方法

などをまとめたもの。

なお、「農地（耕作の目的に供される土地。耕作とは、土地に労働及び資本を投じ肥培管理を行って作物を栽培すること。家庭菜園は含まない）」を購入・借入するには、「農地法」に則り、各市町村に設置されている行政委員会である「農業委員会」に営農計画書を提出し、認可を受ける必要がある。営農計画書の記載例やフォーマットは農林水産省や各自治体のウェブページ等から入手できる。

【Author's Point】

事業計画を作ることはマスト。なんだけど、「こうじゃなくちゃいけない！」というものはない。書き方や形式の前例にとらわれる必要はないし、難しく考えなくてもいい。大事なことは、「100人いたら100通りの哲学があるし、農法もばらばら」

ってことを知ること。

ポイントは、まず「自分は、どんな農を目指したいのか？」をシンプルに明確にすること。例えば「世の中を健康にしたい」「家族と自給自足で暮らしたい」だとか、「自然の中で楽しく働いて儲けたい」でもいいし、自分がやりたい真ん中（テーマ）が何なのかをハッキリさせる。次にそれを実現するためのコンセプト（手段）を明文化してみよう。

ここでポイントなのは、一つのやり方に絞らないことだ。例えば「薬草を生産して漢方薬メーカーになる」「北海道に移住して離農者の農地を買って野菜作りと養鶏をやる」だとか、「少量多品目のオーガニック野菜でピクルスメーカーになる」とか。できるだけ可能性を広げるためにも手段は多いほうがいい。できれば同時に屋号やロゴマークまでラフに考えていくと、楽しいイメージが加速する。

そして今度は手段に対する具体策「何を作って、いくらくらいで、どこで販売するか」などを細かく書き上げていく。もちろん箇条書きでOK。そこまでやれば、あとはそれをスケジュールに落として、収支計算をやれば、それが計画書になる。

まとめると、先にドキドキ・ワクワク楽しい気持ちでテーマ・コンセプト・アウトプットを考えて、細かいところはそれに応じて後から詰めていく。しかも体裁は極めて自由に。というのが新・兼業農家流の事業計画スタイル。

Q2 農地の選定方法と取得方法を教えてください。

農地は面積、立地、水利、土質、居住地からの距離、近隣の状況などを考慮して、自分のやりたい農業に適している場所を選定する。

新規就農者が農地を取得するには、農業委員会の許可が必要。農業委員会は、営農計画書に記された経営計画や面積などをもとに、受け手が効率的に農地を利用するかどうか判断する。農業委員会の斡旋を受けた場合や、信用のある筋からの譲渡を受けた場合などには、簡単に申請が通る場合がある。一方、都市近郊で新しく農地を申請する場合は難しいことも。

農林水産省が平成26年度に全都道府県に設置した「農地バンク（農地中間管理機構）」には、借り手がいない農地などが登録されており、個別に農家と交渉することなく、バンクを通して土地を借りることができる。

【Author's Point】

まず、どんな農地を選定するかは、とにかく『自分の暮らしたいと思う地域』を直感的にいくつか決めて、そこの地域に通ってみて、できるだけ長く滞在してみることから始めたほうがいい。何度か通ってみると、いつの間にか地域の人々と接点ができて、仲良くなって、人・物・情報が集まってくるし、そのうち「この土地貸してやるから耕してみたら？」と声がかかってくる。

それから農地を「取得」するのだが、これは農地法に基づき、農業委員会に申請し許可を受けるというのがセオリー。なんだけど、確かに農業委員会や自治体に農家として認められると、ＪＡや金融機関からお金が借りやすくなり、助成金を申請できるなどのメリットがある。しかし、大事なことは、融資や助成金にとらわれて、自分のやりたい農のスタイルに制限がかかってしまってはいけない。「この地域は酪農がさかんだから、それに関する助成金がいっぱいあるので、酪農は特に考えてなかったけど始めてみようかな」では始める動機としては不純（笑）。

リスクないところから始めることを考えるなら、例えば、農地自体は別の農家が持っていて、その中の一部の場所を借りて、その農家のお手伝いもしながら自分の農業をやる。そんなカタチからスタートしたっていい。そこで作った作物の「生産者」は土地の持ち主だけど、「販売者」は自分たちの名前にする。というパターンも考えられる。

要は、自分たちの商いをどう設計するのかによって、農地を「持たない」のか「借りる」のか「買う」のかが決まってくる。僕の思う新・兼業農家のスタイルは、自分で農地は所有せず、地元の農家から耕作放棄地を無償で借りるのが最善の方法だと思っている。そのためには、農村のコミュニティにどうエントリーするのかが鍵。まずは動こう。

Q3 「農業法人」になるのがよいのでしょうか？

農業法人とは、農業を営む法人のこと。個人農家との違いとしては、「金融機関や取引先からの信用が増す」「法人税の課税対象額から役員報酬を損金として差し引き、そのぶんを節税できる」などのメリットがある。一方で、「従業員が家族でも就業規則を決め、給与を支払わなければならない」などの制約もある。

農業法人が農地を所有するには、「売上高の過半を占める主たる事業が農業（加工・販売等の関連事業を含む）」「役員の過半が農業に常時従事している（原則年間１５０日以上）」などの要件を満たす必要がある。ただし、農地を借りて農業を行う場合や、農地を利用せずに農業を行う場合には、この要件を満たす必要はない。

【Author's Point】

農業法人になるメリットはたくさんある。農協や金融機関からお金を借りられる、地域の助成金を受けられる、税制を優遇される、など。でも、その場合、「事業内容は農業に関わるものが過半数を占めなければいけない」など、要件がけっこうある。逆に、そういう要件を満たしていなくても、一般的な株式会社や、その他法人などが農業をやってもいい。定款の中に農業を入れて、農地を借りてやればいいのだ。

そのあたりは、自分がどんな商いや暮らしのカタチを求めているのか？ に関わってくる。やりたいことを明らかにして、個人事業主が良いのか、法人にしたほうが良いのか、法人でも農業中心にするのなら、ひょっとすると農業法人が良いのかもしれないし、地域のいろんな農家をまとめるのなら「農事組合法人」みたいなのだってある。

新・兼業農家というのは、「農」のある暮らしを軸に、いろいろな商いを組み合わせたパラレルワークが基本なので、もしそのパラレルワークの中で「農関連の売上」が半分以上占めるのであれば、農業法人になる方が良いと言える。ともかく、まずは自分の人生の方向性を明確に決めよう。

Q4 農作物の栽培方法は誰から教わればよいですか?

農林水産省や各自治体がイベントやセミナーを開催しており、農業体験ができる「農泊」やインターンシップ、実地研修なども行われている。在宅で受けられるオンライン研修コース「農業e-ラーニング講座」や、夜間に行われる社会人研修などもあるので、別の仕事をしながら学習を進めることも可能。

一定期間腰を据えてじっくり学びたい方は、全国42道府県に設置されている農業の専門学校「農業大学校」に通うという手も。1~2年間農業の実践的な知識について学ぶことができる。また、一部の農業大学や大学の農学部でも、社会人向けのプログラムが提供されていることがある。

【Author's Point】

誰に教わるかは、自分がどんな農業をしたいのかによって全然変わってくる。前述の通り「100人いたら100通り」なので、ひとくちに農業と言っても、その方法はものすごく細分化されている。料理だって、同じ素材でも焼くか蒸すか炒めるか煮るか生で食べるか、また、そこにどんな調味料を入れるか、入れないか、調味料も1から作るのか既製品か、オーガニックなのか化学的なのか……やり方は無限にある。

だからやっぱり、誰から教わるかを考えるより前に、まずは何を世の中にアウトプットしようとしているのかイメージを固めて、その分野で先駆的にやっている人がいればどんどんつながっていけばいい。この「つながる」というのは人脈ということなのだが、芸能人などとは違って、農分野のプロフェッショナルたちに会うのは、そんなに高いハードルじゃない。自分に学びたい気持ちがあれば十分で、あとは、その人の畑に「こんちは〜」って押しかけて、一生懸命お手伝いしたら、必ず心開いてくれる。つながっていくというのはそういうこと。

そういうときに、手前味噌だけどThe CAMPusは役に立つと思う。月額ワンコインでいろいろな成功農家の講義記事や動画を閲覧できて、イベントも随時開催されている。多様な農家がいて、彼らとのネットワークがあるから、この人から学ぼう、というガイドになると思う。それと、気軽に農的暮らしと商いをセットで学んでみたい、体験してみたいという人がいたら、田万里に合宿に来てくれれば。農作業体験という名の労働力提供をしてくれたら、食事付き、宿泊付きのゼロ円で学べる。お問い合わせは、tamariba@thecampus.jp まで。

Q5 どんな地域で何を作るのがよいですか？

日本の地域別農作物の特徴をざっくりまとめると、次の通り。

◉北海道…農地面積は全国の約26%、農業産出額は約13%。広大な農地の4割以上が牧草地で酪農が有名だが、米麦作や野菜もさかんで、甜菜・小麦・大豆、じゃがいも・玉ねぎ・かぼちゃなど多数が産出額全国1位。[※1]

◉東北……農地面積は全国の約17%、農業産出額は約15%。川の付近の農地を利用し

[※1] 農林水産省（平成30年）「北海道農業の概要」
https://www.maff.go.jp/hokkaido/toukei/kikaku/gurafu_gaiyou/gaiyou/attach/pdf/gaiyou-53.pdf
[※2] 東北農政局（平成29年）「野菜の収穫量」
https://www.maff.go.jp/tohoku/monosiritai/touhoku/yasai_s.html

た稲作、涼しい気候を活かしてりんご、桃などの果物や、きゅうり・トマト・すいかなど夏秋期に作られる野菜が多く栽培される。[※2]

◉関東……農地面積は全国の約18％、農業産出額は約25％。広大な関東平野で行われる野菜の栽培が特徴で、野菜の産出額は全体の約38％を占める。レタス・ほうれんそう・白菜・キャベツ・ピーマンなどが多く栽培される。[※3]

◉近畿……農地面積、農業産出額共に全国の約5％。広い農地には稲作地帯、急峻な地形には果樹地帯がある。京都では茶、和歌山では梅など、食品産業と結びついてブランドを確立。他、みかん、グリンピースなども多く栽培。[※4]

◉九州……農地面積は全国の5％、農業産出額は約20％。南部では畜産がさかんだが、中央部では野菜作がさかんで、茶、いちご、さつまいもなどが多く栽培されている。二毛作がさかんなため、農地利用率は全国1位。[※5]

【Author's Point】

「地域の特産品」というものがある。教科書にも載っているから、当然、その地域の気候や土の質などに合った農作物が、全国にさまざまに存在していることは、誰もが

[※3] 関東農政局（令和1年）「関東農政局管内の野菜の概要」
https://www.maff.go.jp/kanto/seisan/engei/attach/pdf/2018_yasai-9.pdf
[※4] 農林水産省（平成31年）「近畿農業の姿」
https://www.maff.go.jp/kinki/kikaku/wpaper/attach/pdf/index-2.pdf

知っている。その土地の特徴によって、育てやすいもの、育てにくいもの、というのはもちろんある。

でも、よくよく調べてみると、「歴史的に見ると、その土地にはまったく存在していなかったものが、近年、誰かが作り始めたのをキッカケに地域全体が右に倣えってことで真似して作って、どんどん流行りになって、いつのまにかその地域の特産品になっている」――というパターンもわりとあるということ。

結局、その地域がどうこうという話ではなく、大切なことは「自分がどんな農業をしたいか」ということ。自分のアウトプットしたいものを決めて、それに沿うものを、自分が選んだ土地に合わせて、アイデアを凝らして作ること。そのほうがワクワクするし、オリジナリティが出ると思う。極論を言えば、（ビニールハウスとか、その他条件を整える必要もあるが）ほとんどのものは、全国どこでも何だって作れる。どんな地域で何を作るか、は自分の心に聞いてみてほしい。

［※5］農林水産省（令和2年）「統計で見る九州農業の概要」
https://www.maff.go.jp/kyusyu/toukei/attach/pdf/181030-26.pdf

Q6 「農協(＝JA)」とどう付き合っていけばよいですか？

農協(正式名称：農業協同組合／愛称：ＪＡ…Japan Agricultulal Coperatives)は、日本の農業者によって組織された協同組合で、「農業協同組合法」に基づく法人である。組合員資格は各農協の定款において定められており、一般的に、耕作面積や従事日数等の要件が規定されている。

組合員になることでさまざまな恩恵を受けられる。収穫物の買取と流通、共同販売のほか、営農や生活の指導、機材や飼料などの共同購入、農業生産資金や生活資金の融資、農業生産や生活に必要な共同利用施設の設置、万一の場合に備える共済など、あらゆることをサポートしてくれる。[※1]

さまざまな活動を行っているため、指導・経済・信用・共済などの事業ごとに、ＪＡとＪＡ連合会、都道府県域組織等による事業組織に分かれている。組合員数は、

[※1] JAグループ「JA(農業協同組合)とは」：https://org.ja-group.jp/about/ja

２０１８年時点で正組合員（農業者など）：４２５万人、准組合員（農協の地区内に住所のある非農業者など）：６２４万人。[※2]

【Author's Point】

自分たちが農業をやって、農作物を作って、さぁ売ろうってときに、もしも「ＪＡが全量を買い取ってくれる」となると、それは有り難い話だから、当然、ＪＡと取引したほうが良い！　となるだろう。しかし、実際には、不揃いの規格外のものなどは買い取ってくれない。どうしても大量生産・大量消費の言語に則ってやっていかないといけないシステムが基本になっている。

もちろんこのシステムがうまく機能した時代もあったのだが、農作物の自由化が進み、農家を取り巻く環境が激変して「ＪＡに通すと安く買い叩かれる」というようなイメージが先行し「ＪＡ離れ」が加速しているのも事実。ただし、農協は農作物の買取のところだけでなく、資金融資、設備・資材・機材などの販売や貸出、技術指導、共済関係など、多岐にわたり農家のサポートをしてくれる。

今の時代は、情報やサービスが溢れかえっている。本当に自分の農業にとって最適

[※2] JAグループ「JAグループの組織事業」：https://org.ja-group.jp/about/group

なサポートシステムが何なのか、あらゆる選択肢の中から、自分に最適なものを選べるようになった。その選択肢の一つとして「JAがある」と捉えておけば、彼らのシステムをうまく活用できるようになるはずだ。

Q7 年商1000万円を目指すには、初期投資はどのくらいかかりますか？

就農1年目に要した費用は、土地代を除くと、営農面では新規参入者全体の平均で569万円。そのうち機械・施設等への費用は411万円、種苗・肥料・燃料等への費用は158万円。うち自己資金は、営農面では232万円、生活面では159万円。なお、就農1年目の農産物売上高の平均は259万円である。[※1]

なお、農家全体の約86%が年収500万未満であり、1000万以上稼いでいる農家は8%ほど。[※2]

[※1] 一般社団法人全国農業会議所 全国新規就農相談センター「新規就農者の就農実態に関する調査結果 -平成28年度-」：https://www.be-farmer.jp/ControlApp/Statistics/pdf/IDIUsiQ6BUnDGT2jp33D202003171504.pdf

【Author's Point】

初期投資のうち大半を占める機械・施設等は、借りるかもらうか、中古を購入するかして、その設営・整備を自分で行うなどの工夫ができれば、初期投資を抑えることができる。さらに！　究極のカタチは、鍬（くわ）1本で露地（屋根などの覆いのない土地）で少量多品目の野菜農家をやって、しかも自然栽培で農薬も肥料もゼロだとすれば、初期費用なんてほとんどかからない。ただし、その場合、かなりの経験値も必要だろうから、技術習得に要する費用は多少必要だろう。

そして次に商売のほうだが、年商1000万円を実現するためには、販路の工夫やPR活動などが欠かせないのだが、右記のような「少量多品目で自然栽培」をやっているなら、収穫したものをそのまま販売するのではなく、加工食品にするなどして、その価値を最大化させることに注力するのが良い。

[※2] 農林業センサス「農林業センサス 2010年世界農林業センサス 確報 第3巻：農林業経営体調査報告書 ―農林業経営体分類編― 販売農家 9 経営耕地面積規模別統計 2：農産物販売金額規模別農家数」
https://www.e-stat.go.jp/stat-search/files?page=1&layout=datalist&toukei=00500209&tstat=000001032920&cycle=0&tclass1=000001038546&tclass2=000001045941&tclass3=000001046444&stat_infid=000012465425

Q8 農業に向いている人、いない人の特徴は？

農業に向いている人の特徴は、例えば次の通り。

- 自然が好き（日々動植物と触れ合いながら仕事をするため）
- 計画性・忍耐力があり、コツコツと努力できる（作物は日々手入れしながら、数か月〜数年単位で計画的に育てていくもの）
- 臨機応変な対応力がある（天候不良、災害などの不測の事態への対応も求められる）
- コミュニケーション能力がある（新規参入では特に重要。地域の農業者や組合、地元住民に溶け込み、アドバイスなどをもらい、協力しあいながら事業を展開していくとうまくいきやすい）
- 経営管理や数字の管理ができる（農業を始める＝一つの事業の責任者になるということ）

農業に向いていない人はこれらにまったく当てはまらない人。

【Author's Point】

僕は、本書で繰り返し述べてきたが、「これからの農家は経営者視点を持ち、事業計画・マーケティング・ブランディング・流通・ＰＲなども考えていける人ほどうまくいく」と考えている。

これは農業だけに限った話ではなく、人生を歩んでいく上で「自立」できている人間か、そうでない人間かによって、「商い」の成功レベルに雲泥の差が出る。

とにかく、農業は自然と向き合うという意味において、非常に時間がかかるものだし、容易に自然環境の変化に商売の結果が左右されてしまう。しかし、商いを営む商人である限り、周りの状況のせいにしてしまうようでは、長く腰を据えてやっていくのは難しい。

大切なことは、常に物事に対して「当事者意識」を持って取り組めるかどうかにかかっているということ。そういった自立心のある人こそが、これからの農業に向いているのではないかと考える。

地域の人との関係作りが大変そうなんですが……。

ＪＡや自治体などが研修、里親制度、スクール制度、親方制度などを設けており、座学や実地研修を受ける機会が用意されているので、その場で事前につながりを作り、コミュニケーションを図ることができる。土地によって、受け入れ態勢がしっかりしている地域があったり、土地独自のルールなどがあったりするので、事前に地元の人の声などを聞き調査しておくとよい。

地域の人と良好な関係を築くには、地域の先人・農業の先人として敬意を持ち、自ら積極的に交流・手伝いを行い、アドバイスをもらいにいく姿勢が重要。また、農業と生活が密接している場合が多いので、共同作業や会合、各種行事、催事などにも意欲的に参加するとよい。

【Author's Point】

田舎に暮らしている人同士は、話してもいないのに、お互いにお互いのことをよく見ている（笑）。インターネットならぬイナカーネットが存在するかのごとく、噂はすぐに広がる（笑）。誰にどう見られるか、どう思われるかが、その地域の自治機能の根幹にあるのかもしれない。ただし、これから田舎暮らしをしようとしている人たちが、この田舎独特の人間関係の中に入っていっても、勝手が違いすぎて溶け込めないことが多いのも事実。

大切なことは、「地域の人にどう思われるか？」を気にして生きるより、「自分が地域に対してどう思うのか？」の気持ち。この「思う」は言い換えるなら「思い遣る」である。「自らが動いて地域がどう成長するのか？」を考えることから始めると良い。地域の人たちの言うことをしっかりと聞きつつ、自分のやりたいこと、地域の人たちが喜ぶこと、そして世界の人たちが喜ぶこと、この「三方良し」の観点で生きていく。その先にあるビジョンをしっかりと描いて、いつも自分の胸にもちつつ、地域の人々と少しずつ共有していけば、関係が良くなることがあっても悪くなることは少ないのではないだろうか。

Q10 自分が農作業をやらないでも農家になれますか？

自分は農作業せず、仲間に任せる、分担する、という方法もある。例えば、農業法人を作る場合。Q3で回答した通り、農業法人になるには（農地を取得する場合は特に）、「役員または重要な使用人のうち、一人以上が農作業に従事（原則年間60日以上）」などのさまざまな要件があるが、逆を言えば、誰か一人でも年間60日以上農作業をしていればよい、ということもできる。農業は決して一人でやる前提ではなく、チームで動いていけばいいので、必ずしも自分がやる必要はない。

また「農事組合法人」の組合員として、土地を出し合ってみんなで整備し、機械なども共有して農業をやっていくというスタイルもある。農事組合法人は、農家の高齢化・後継者不足が進む中でも、地域の農業全体をみんなで守っていくための組合であり、農業協同組合法に基づいて設立される。農協とは異なり、組合員は原則として農民、扱える事業は農業に関連するものに限られている。

同じく、地域に農地はあるのに担い手が不足している問題から生まれたものとして、農林水産省や地元の自治体などが提供している「委託サービス」もある。作業別、農作物別などで料金表があり、農作業の委託を依頼することができる。一部の作業ごとに委託する単発作業委託や、一定期間委託する定期契約などさまざまな契約形態が存在する。トラブルを避けるため、作業報告の方法や回数、収穫量の基準、災害への対応など、契約時にしっかりと取り決めを行う必要がある。

【Author's Point】

これはどんな業種にも言えることだが、あらゆる仕事は、いつも「現場」に答えがあると思う。この現場の作業があってこそ、その商売が成り立っていく。このことを肝に銘じておこう。ここが十分に理解できていて、現場で動いてくれる人たちへの敬意と配慮、そして何より信頼関係が構築されていれば、自らが現場作業をやらずともうまくいくはず。それは、現場に対してへりくだった対応をするということではなく、いつも「どうやったら現場環境が良くなるのか」を念頭に置いて行動するということ。

あと、自分が「農家になる」かどうかは、まったくもって考えなくても良いと思う。「何になるか」よりも「何をやるか」を大切に生きていくと、結果的に「何者かになっている」のでは？　まず、あなたは「農」の分野で何を実現しようとしているのか？そのために、自らは何を担当し、現場にどう動いてもらおうとしているのか？　を明確にしよう。

Q11 農業って自然と向き合うから、休み（休日）がないのでは？

農業は基本的に労働基準法の労働時間・休憩時間・休日が適応されないので残業などの概念はないが、自分の裁量で作業を行うため、時間の自由度は高いものになる。多くの場合、早朝に作業を始め、適宜休憩を挟みながら、日没ごろには作業を終えることが多い。天候によって作業内容なども変化し、場合によっては作業をしないこともあるため、休みがないということはない。
作物によって繁忙期・閑散期があり、繁忙期は多忙だが、冬季などの閑散期は数か月に渡って休みになる場合もある。ただし、複数の作物を並行して栽培している場合は代わる代わる繁忙期が訪れ、休みが取りづらい場合もある。

【Author's Point】

「これから事業者になる」という意識になると、仕事も休みも自らが決めて動けば良い。ということになる。「自然相手だから休めない」のではなく、「自然に対応して休む」ということで良いのではないだろうか？　「ビニールハウスでいちご栽培」なのか「露地で野菜作り」なのか、どんな農業をやるかによって違うが、例えば露地で野菜を作るなら、雨の日はお休みにしても良いだろうし、出荷作業や、例えば加工品を作るのであれば、加工作業に充てれば良いのかもしれない。チームで動くなら、みんなで担当分けして、休みをしっかり取れば良い。自分一人で考えるなら、毎日の中に休みは作れるし、ぶっ通しで働くこともできる。大事なことは「休める？・休めない？」という観点よりも、「どう仕事をうまく動かすか」という観点の中に「どう休みをうまく組み込むか」という課題解決を考えるほうが良いと思う。前者は受動的な人生の人。後者は能動的な人生の人。あなたはどちらの人生を選ぶのだろうか？

Q12 とりあえず家庭菜園や週末農業から始めてみる、というのはありですか？

農業に興味があるが経験がないという人は、まずは土に触れ、作物を育ててみることで、さまざまな気づきを得られるだろう。自宅の家庭菜園で作物を育ててみる、体験型農園や研修制度で農業体験をするなど、さまざまな方法がある。レストランや宿泊施設、キャンプ場などと一体型になっている体験型農園も多いので、楽しい体験ができるはず。

「貸し農園」などのサービスも増えているので、普段は都会にいながら、小規模でも地方に畑を借りて週末だけ作物を育ててみる、といったいわゆる「週末農家」も可能だ。週末農家、超小規模農家でも収入を得ることは可能。直売所、インターネットなどを利用して収穫物を販売できる。基本的にはあまり大きな収益は見込めず、トントン、小遣い程度の収入になることも多いが、中には100万円以上稼ぐ人もいる。

【Author's Point】

ありですか？　と誰かに聞く前に動こう（笑）。誰かに背中を押してもらわないと動けない人生から抜け出そう。今すぐ、家庭菜園でも週末農業でも始めてみればいい。動いたぶんだけオモシロくなるから。ただし、事業にするなら、動きながらでも良いので、すぐに事業計画を立てよう。オモシロさは倍増するから。

Q13 「無農薬農業（栽培）」の方がよいのですか？

「無農薬農業（栽培）」は、農薬を使わない栽培方法のこと。

関連して、「有機農業（栽培）」がある。これは2006年制定の有機農業推進法にて、「化学的に合成された肥料及び農薬を使用しないこと」「遺伝子組換え技術を利用しないこと」を基本として、「農業生産に由来する環境への負荷をできる限り低減した農業生産の方法を用いて行われる農業」と定義されている。[※1]

なお、「オーガニック」は日本語で「有機の」という意味。

有機食品には認証制度（有機ＪＡＳ認証）があり、登録認証機関に認証された事業者のみが「有機ＪＡＳマーク」を貼ることができる。[※2]

平成22年には、全農家数253万戸に対して有機農業は12・4万戸であり、全体の0・5％を占めている。有機農業者の平均年齢は59歳程度で、農業全体の平均年齢66・1歳よりも若い。59歳未満の農業者が多く、特に40歳未満の農業者は、農業全体で見た場合（5％）の約2倍程度（9％）と推定される。[※3]

農薬を使わない主なメリットは、環境保全に役立つこと、消費者の「食」の安心につながり、ブランディングにも役立つこと。主なデメリットは、病害虫や雑草の被害対策を別途考える必要があること。

［※1］［※2］農林水産省「【有機農業関連情報】トップ ～有機農業とは～」
https://www.maff.go.jp/j/seisan/kankyo/yuuki/

【Author's Point】

農家が100人いたら100通りの哲学がある。無農薬だから良い、とか悪いというのは、その農業（栽培）をやろうとしている人が、どんな信念を持つのかによって変わる。The CAMPusでは、農薬を使うから悪いとか、良いとかの判断や区別は一切していない。自然相手に暮らしや商いをやっていく人に悪い人なんていなくて、大切なのは「その人から何を学び、自らの農業にどう活かすのか」という観点である。

ただし、The CAMPusのことを俯瞰して眺めてみると、教授である変態農家の中には、なぜか無農薬栽培をやっている人が多いのも事実。コンパクト農ライフをやっていくとき、小さな農業で付加価値の高い作物や加工品をアウトプットしようとするときは、オーガニックなものはもっともわかりやすい。僕自身、田万里でやっている農業は「自然栽培」がベースとなっている。何をチョイスするかはあなた次第。良いか悪いかを他人に判断してもらうことに意味はない。

［※3］農林水産省「有機農業の推進に関する現状と課題」
https://www.maff.go.jp/j/council/seisaku/kikaku/organic/01/pdf/data6-1.pdf

Q14 「アグリテック」や「スマート農業」は、どう役立てればよいですか？

「アグリテック（AgriTech）」は、農業（Agriculture）とテクノロジー（Technology）を組み合わせた造語。ＡＩ、ロボット、ビッグデータ、ＩｏＴ、ブロックチェーンなどの最新技術を活用した農業のこと。「スマート農業」とも呼ばれる。

具体的には、ドローンで農薬散布、ロボットで収穫、センサーで作物の生産管理などが行われており、省力での高品質生産などに役立てられている。

【Author's Point】

大量生産をする大規模な農家には特に、アグリテックを導入することで、売上も利益もどんどん上がっていくということはあるかもしれない。

ただ、そういったテクノロジーには当然お金がかかる。コンパクト農家では、設備投資がかかりすぎると、ちょっとした不測の事態で死活問題になりかねない。

じゃあコンパクト農家ですぐに活かせるテクノロジーってていうと、スマートフォン（笑）。というか、インフォメーションテクノロジー（ＩＴ）。これなら、みんな既に上手に扱えるわけで、スマホを駆使するだけでできることはいろいろある。「今日畑でこんなことが起きたけど、どう思う？」と話し合って対策を練ったり、場所に関係なく仲間と情報交換・連絡したり、お客さんに発信したり。

自分のウェブサイトやオークションサイト、フリマアプリで収穫物を直販している人もいるし、「ポケットマルシェ」「食べチョク」とかそのためのサービスも増えつつある。「一般のお客さんと直接つながる」「ＪＡを通すより高く売れる」などのメリットがあり、「作ったものをどう見せれば、一般のお客さんたちは喜んでくれるのか」がわかるツールにもなっている。作った農作物をどう食べるとおいしいのかをお客さんと情報共有して、「こうやって食べました」と感想を直にもらって、瞬時に生産の現場にフィードバックして、次に活かす。そしてそれらの情報を毎日ＳＮＳで発信してファンが広がれば、「作った瞬間から売れていく」ような現象が起こり始めたりする。大切なことは、テクノロジーに頼る前に、自分たちの想像力や愛情を注ぐだけで、革命を起こせる時代に僕たちは生きている、ということを知ろう。ってこと。

あとがき

僕は本というものを初めて書いた。しかし「本を書く」という作業が「自分という存在の真ん中を知るのに絶好の機会だ」ということを気づかせてもらった。

僕は、そもそも人間の活動の全てに「テーマ（意思）」が必要だと考えている。なぜその行動を起こすのかを明確にするからこそ推進力が生まれる。それは、言うなれば、山登りのようなもの。テーマとは山の「頂点」のことであり、そこに登っていくための道は無数に、かつ険しく存在している。しかし、自らの意思（頂点）を明確化することによって、不思議と道は創られていく。偶然だが、テーマを英語で表記すると'Theme'、分解するとThe Meとなる。つまり「テーマは常に自分の中にある」ということを示していると思った。今回、この「新・兼業農家論」という僕にとっての山を登ることにチャンスをくれた、クロスメディア・パブリッシングの小早川幸一郎社長と、フルサポートをしてくれた同社の戸床奈津美さん、そして膨大なる要点の整理を手伝ってくれた板垣寿美さんに心から御礼を申し上げたい。

【著者略歴】

井本喜久（いもと・よしひさ）

一般社団法人The CAMPus代表理事／株式会社The CAMPus BASE代表取締役／ブランディングプロデューサー

広島の限界集落にある米農家出身。東京農大を卒業するも広告業界へ。26歳で起業。コミュニケーションデザイン会社COZ（株）を創業。2012年 飲食事業を始めるも、数年後、妻がガンになったことをキッカケに健康的な食に対する探究心が芽生える。2016年 新宿駅屋上で都市と地域を繋ぐマルシェを開催し延べ10万人を動員。2017年「世界を農でオモシロくする」をテーマにインターネット農学校The CAMPusを開校。全国約70名の成功農家の暮らしと商いの知恵をワンコインの有料ウェブマガジンとして約2000名の生徒に向けて配信中。2020年 小規模農家の育成に特化した「コンパクト農ライフスクール」を開始。農林水産省認定の山村活性化支援事業もプロデュース中。

ビジネスパーソンの新・兼業農家論

2020年9月1日初版発行
2021年6月16日第2刷発行

発行 **株式会社クロスメディア・パブリッシング**

発行者 小早川幸一郎
〒151-0051 東京都渋谷区千駄ヶ谷4-20-3 東栄神宮外苑ビル
http://www.cm-publishing.co.jp

■本の内容に関するお問い合わせ先 …………………… TEL (03)5413-3140／FAX (03)5413-3141

発売 **株式会社インプレス**

〒101-0051 東京都千代田区神田神保町一丁目105番地

■乱丁本・落丁本などのお問い合わせ先 ……………… TEL (03)6837-5016／FAX (03)6837-5023
service@impress.co.jp
(受付時間 10:00～12:00、13:00～17:00 土日・祝日を除く)
※古書店で購入されたものについてはお取り替えできません

■書店／販売店のご注文窓口
株式会社インプレス 受注センター …………………… TEL (048)449-8040／FAX (048)449-8041
株式会社インプレス 出版営業部 ………………………………………… TEL (03)6837-4635

ブックデザイン 金澤浩二 (cmD)
DTP 荒好見 (cmD)
印刷・製本 株式会社シナノ
ISBN 978-4-295-40444-6 C2034